NFT新视角

数字时代的权益变革

成生辉◎著

人民邮电出版社
北　京

图书在版编目（CIP）数据

NFT新视角 ：数字时代的权益变革 / 成生辉著. --
北京 ：人民邮电出版社，2024.1
ISBN 978-7-115-62885-5

Ⅰ. ①N… Ⅱ. ①成… Ⅲ. ①区块链技术 Ⅳ.
①TP311.135.9

中国国家版本馆CIP数据核字(2023)第195858号

内容提要

本书全面、深入地介绍 NFT（非同质化通证），不仅包含元宇宙与数字经济相关内容，还深入讲解 NFT 与数字化权益。全书共 9 章：第 1 章主要介绍 NFT 的概念与发展；第 2 章介绍 NFT 的创建与流通，包括创建 NFT、发布和获取 NFT 以及 NFT 社群的相关内容；第 3 章主要介绍 NFT 与数字艺术，包括 AI 艺术和数字化设计的相关内容；第 4 章深入讲解 NFT 的技术栈，如 IPFS、区块链等；第 5 章介绍 NFT 的诸多应用，涉及音乐、游戏、数字藏品等方向；第 6 章探寻 NFT 的产业与生态，包括技术生态、产业链等；第 7 章讲解 NFT 与数字经济，主要围绕数字金融展开；第 8 章详细介绍 NFT 的风险与监管，涉及欺诈、金融监管等方向；第 9 章对 NFT 的未来趋势提出展望，以我国的 NFT 市场和监管现状为主。

本书适合想要了解 NFT 或深入 NFT 市场的读者阅读，也适合作为相关培训机构的 NFT 教材，以及各研究机构、高校 NFT 相关课程的参考图书。

◆ 著　　　成生辉
责任编辑　孙喆思
责任印制　王　郁　马振武
◆ 人民邮电出版社出版发行　　北京市丰台区成寿寺路 11 号
邮编　100164　　电子邮件　315@ptpress.com.cn
网址　https://www.ptpress.com.cn
北京九天鸿程印刷有限责任公司印刷
◆ 开本：880×1230　1/32
印张：7.5　　　　2024 年 1 月第 1 版
字数：214 千字　　　　2024 年 1 月北京第 1 次印刷

定价：69.80 元

读者服务热线：(010)81055410　印装质量热线：(010)81055316
反盗版热线：(010)81055315
广告经营许可证：京东市监广登字 20170147 号

前言

近期，元宇宙、Web 3.0 热潮涌起，NFT（Non-Fungible Token，非同质化通证）作为其中一个很重要的概念也被推到了风口浪尖。导演王家卫以 NFT 形式拍卖其著名电影作品《花样年华》约一分半钟的片段，这是首个在国际拍卖行推出的亚洲电影 NFT，最后以港币 428 万元成交。这一事件迅速点燃了 NFT 的市场。

此外，由 NFT 带动的数字市场，也迅速火爆。数字经济、数字银行、数字交易、数字藏品等，不断地冲击着人们的眼球。人们一边接受冲击，一边又较难理解 NFT 这个全新的概念。

NFT 究竟是什么？它为什么有这么大的魔力吸引这么多人的眼球？在今后的世界中，NFT 将扮演什么样的角色？它未来何去何从？这些问题，困扰着很多人，解答这些问题是我写这本书的初衷。基于之前创作的《元宇宙：概念、技术及生态》和《Web 3.0：具有颠覆性与重大机遇的第三代互联网》，围绕 NFT 这个话题，我创作了第三本书《NFT 新视角：数字时代的权益变革》。本书对 NFT 进行全景式和沉浸式的解读，全面、细致地介绍 NFT 的方方面面。

本书有 3 方面的特色。一是全面地、体系化地介绍 NFT 的概念与特点、技术栈及生态构建；二是对 NFT 在未来世界（包括元宇宙、Web 3.0）中的地位及前景进行分析；三是通过可视化的技术，形象、生动地将 NFT 的内涵、生态等表现出来，方便读者阅读。

目录

第 1 章

NFT 的概念与发展

NFT（Non-Fungible Token，非同质化通证）在近几年成为极度火热的概念，一度是各大搜索引擎热度排行榜的“座上宾”。同时，NFT 市场扩张速度十分迅猛。例如，一名 12 岁男孩依靠算法生成 2000 幅鲸鱼头像 NFT 作品，在一个夏天赚取约 250 万元人民币。再例如数字视觉艺术家 Beeple，将由 5000 张艺术图片组成的巨型拼贴作品以 NFT 的形式在佳士得拍卖行拍卖，最终达成 6934 万美元的交易金额。Beeple 的 NFT 作品一度成为在世艺术家作品拍卖史上价值第三高的艺术品。更夸张的是，在这之后不久，一件名为 *The Merge* 的 NFT 艺术作品的交易金额更是高达 9180 万美元，创造了 NFT 交易的新纪录。可见，现如今，人们对 NFT 的热情十分高。

虽然 NFT 已经家喻户晓，但其实人们对它本身还知之甚少。如图 1.1 所示，人们脑海中的 NFT 往往只是零散的概念、词条。因此，在本章，我们将着重对 NFT 进行全面的、简要的介绍。通过阅读本章，你可以对 NFT 有一个整体的把握，了解 NFT 是什么、具有什么样的特点。然后，本章将介绍 NFT 从 2012 年的“彩虹币”发展至今的简要过程，并在此基础上讨论一些关于 NFT 的实际问题，例如 NFT 的权属问题，NFT 成为风靡一时的“财富密码”背后的动力，以及 NFT 是否真的是一场技术革新。

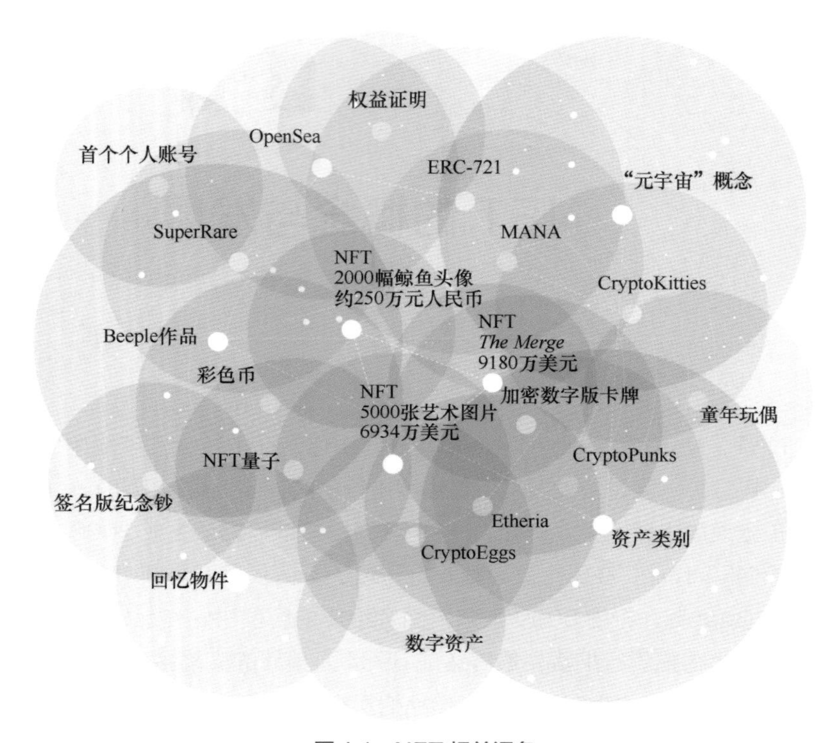

图 1.1　NFT 相关词条

1.1 NFT 的概念

NFT 是一种数字化权益证明。了解它可以从两个方面出发，一是理解什么是数字化权益证明，以及它存在的作用是什么；二是从批判性的角度，思考这种数字化权益证明目前存在的问题都有哪些。后文将从这两个方面对 NFT 进行全面的介绍。

1.1.1　非同质化通证的含义

释义 1.1　非同质化通证

非同质化通证（NFT）是一种具有唯一性的数字化权益证明。它通过区块链技术保证安全性。它的出现进一步推动了身份认证走向数字化时代。

“非同质化通证”这个词由“非同质化”和“通证”两部分组成。后者顾名思义，指以数字形式存在的权益证明。它可以作为数字物品抑或实体物品的所有权证明，这些物品可以是稀有游戏道具、虚拟人物画像、以数字形式保存的艺术作品，乃至存储在仓库中的钨块。总而言之，本质上通证与身份证、驾驶证、学位证等证件的作用是相同的，是一种权益证明。那“非同质化”又指的是什么呢?

1. 非同质化其实就在你身边

同质化与非同质化实际上是十分主观的概念。一张面额 100 元的纸币往往被看成同质化的，因为这张纸币与其他纸币相同，都只是代表固定数值财力的一张纸。即使不同纸币的编号不一样，但在人们眼里，它们只是躺在钱包里等着被花掉的“钱”，没有什么不同。

但一张面额 20 元并且带有冠军签名的冬奥纪念钞呢? 在一些人眼里，它不再只是纸币，而是一份具有特殊意义、独一无二的纪念品。此时，这张纪念钞就是非同质化的。换句话说，非同质化指的是独一无二这个概念。

其实在现实生活中，非同质化的物品才是大多数的，例如父母送给孩子的玩偶、你最喜欢的马克杯，这些物件承载着人们对生活的记忆，因此变得独一无二。虚拟世界中的数字资产也是如此，例如静静躺在你角色账户中的第一把“橙武”、你的第一个 QQ 号。

NFT 的作用就在于它可以与人们认为独一无二的物品关联起来，

NFT 记录了这些物品的内容、所有权、交易记录等一系列信息。通过 NFT，人们可以证明某件独一无二的物品属于自己。此外，NFT 可以与各种数字资产捆绑，从而解决虚拟世界中各种数字资产（如图片、文字、视频、音频）随意复制、肆意滥用的问题。当然，单纯地把 NFT 本身看作独一无二的数字资产也是可以的。

2. 新的权益证明

从本质上看，NFT 是具有唯一标识符并允许用户用其存储信息的令牌。通过它，人们可以记录那些非同质化物品的各种信息，并通过 NFT 的交易实现物品的交易。

各种权益证明要解决的最大问题就是如何保证它们的真实性。例如，毕业证书没有教育部的认证，其公信力将大大降低，房屋产权证明没有法律的支持将只是一沓废纸。因此，大部分权益证明都是依赖第三方公信力来保证其真实性的。

NFT 并不是如此，它存储在区块链网络中，借助密码学加密原理和标准化设计规则来保证真实性。简单来说，它借助区块链的加密算法来保证自身信息不可被随意篡改。同时，NFT 的设计标准保证了 NFT 的质量，并且 NFT 的设计标准一直在不断改进，例如最早的 NFT 设计标准在以太坊改进方案 ERC-721[①] 中被提出，并在 ERC-1155[②] 中被进一步改进。基于上述两点，NFT 不需要借助任何第三方背书就可以确保自身的真实性。

但区块链也给 NFT 带来诸多技术问题。例如，作为一种可以用于交易的数字凭证，NFT 完成交易确认需要花费相当长的时间，这是由于区块链系统本身交易确认速度缓慢。除此之外，由于 NFT 是依靠智能合约实现的，因此交易 NFT 时，需要调用相应的智能合约，并支付相应的“汽油费”，这笔费用可能高达 60 美元，大大增加了交易 NFT 的成本。

---

① WILLIAM E, DIETER S, JACOB E, et al. Erc-721 non-fungible token standard. Ethereum Improvement Protocol, EIP-721[J]. Ethereum, 2018.
② WITEK R, ANDREW C, PHILIPPE C, et al. Eip-1155: Erc-1155 multi token standard. Ethereum Improvement Protocol, EIP-1155[J]. Ethereum, 2018.

不论如何，NFT 作为数字化权益证明，它具有划时代的优点。首先，它不需要依赖第三方公信力来保证自身的真实性，为权益证明提出新的方法。其次，NFT 解决了虚拟世界中数字物品低成本复制、随意使用的问题，极大地加强了数字物品的权益保障，并进一步促进了数字物品交易市场的发展。最后，由于 NFT 作为数字资产具有制造成本低廉、易于存储且不需要第三方中介管理等优点，因此它可以用于各种复杂的权益证明，例如用 NFT 对非同质化实体资产进行分割。具体来说，可以用多个 NFT 关联同一个翡翠手镯，并且这些 NFT 由不同的人所有。此时，从名义上来说，这些人各自持有手镯的一部分，而他们不需要破坏手镯本身。

总而言之，NFT 作为一种新的权益证明形式，具有不可估量的未来。

3. NFT 与虚拟货币、数字货币

即使从 NFT 本身出发了解了 NFT 是什么，人们依旧会产生疑惑：NFT、虚拟货币都是依靠区块链实现的，它们有什么区别呢？进一步地，这两者与数字货币又有什么关系？为了帮助你对 NFT 构建更立体的认识，这里通过对三者进行对比的方式来解答这些疑惑。

如图 1.2 所示，NFT、虚拟货币和数字货币的对比一目了然，三者都是依赖区块链实现的，但是它们的意义不同。NFT 常常被误认为是一种虚拟货币，但实际上它并不具备货币的功能，而是一种与数字资产相关联的权益证明。另外，虚拟货币只是虚拟世界的通货，而中央银行发行的数字货币是一种具有法律效益的货币。换句话说，这三者的核心区别在于可替代性，每个 NFT 都是独一无二的，但是虚拟货币和数字货币并不具备独一无二的特点，所以它们不是非同质化的。从价值角度看，NFT 是具备使用价值的，它的使用价值取决于它所代表的资产的价值，而虚拟货币和数字货币并不具备使用价值。相比数字货币，虚拟货币和 NFT 都是不稳定的。

不难看出，NFT 与虚拟货币、数字货币是完全不同的。这里需要再强调一遍，NFT 是依靠区块链实现的数字化权益证明。

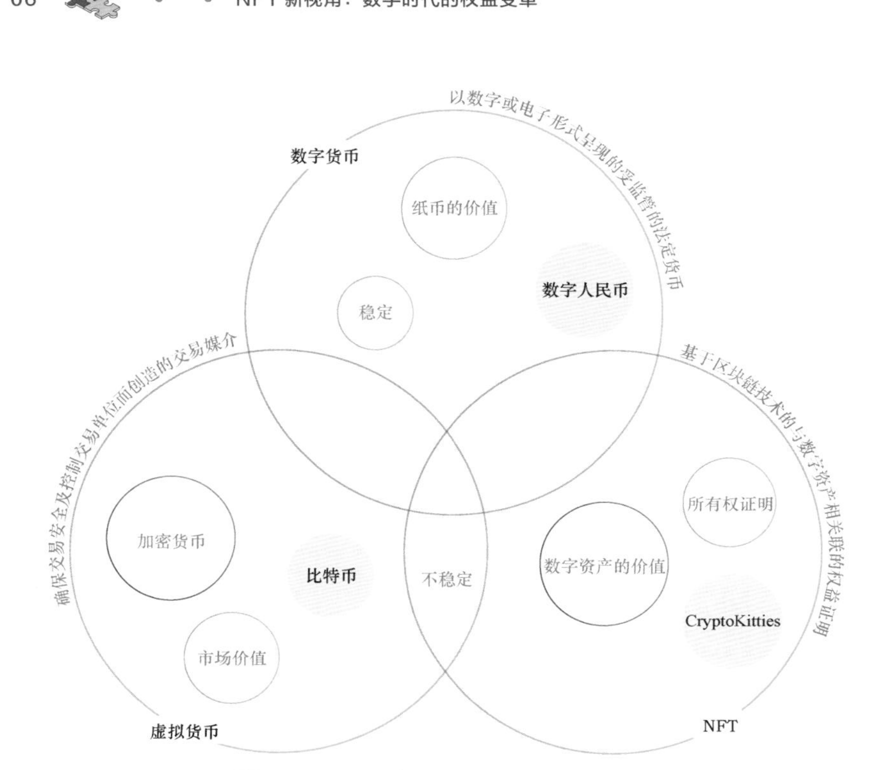

图 1.2 NFT、虚拟货币和数字货币的对比

1.1.2 权属问题和资产的存储问题

作为一种可以信赖的数字化凭证，NFT 解决了非同质化资产权益证明的问题。但是 NFT 在实际使用中依旧存在两个问题：权属问题和资产的存储问题。

1. 权属问题

首先，NFT 的创建难度小、成本低，从而造成了各种 NFT 创建的乱象。其次，NFT 的出现可以让美术作品、音乐作品、视频作品、图书以及新闻或博客文章等全部数字化，但对于这些和 NFT 绑定的数字化创作内容的所有权的界定规则还没有明确，这会进一步加剧 NFT 乱象。因此，目前来看，在阐明所有权的界定规则之前，NFT 作为数字化权益证

明本身，还无法实现完全保障创作者权益的目的。例如，当有人抢先将一位创作者的作品创建为一个 NFT 作品时，该 NFT 作品的所有权由 NFT 创建者所有，而不是由原作品的创作者所有。

在现实世界中，各种权益证明的创建都由第三方机构进行审核，而 NFT 的创建不存在这个审核流程。此时，没有人需要为这种乱象负责，这是十分可怕的。此外，NFT 仅代表区块链记录的所有权证明，但这并不意味着所有者拥有 NFT 关联资产的所有权。有人可能会出售他们作品的 NFT，但买家不一定会获得该作品的所有权，并且卖家可能还会禁止买家创建同一作品的其他 NFT 副本。

某些 NFT 项目，如 Bored Ape Yacht Club，明确将个人图像的所有权分配给各自的所有者。CryptoPunks 项目最初禁止其 NFT 所有者将相关数字艺术品用于商业用途，但在该项目的母公司被收购后，允许此类用途。

由此可见，界定数字资产的所有权是制止 NFT 乱象、真正保护创作者权益的关键。相关概念的界定既不能忽视创作者的权益，也不能将 NFT 所有者的利益抛之脑后。或许随着 NFT 市场进一步成熟，相关权属问题会得到合理、完善的解决。届时，NFT 将是创作者与市场之间最安全、有效的“纽带”。

2. 资产的存储问题

NFT 可以永久保存在区块链上，但是 NFT 所关联的资产呢？不论是存在阁楼上积灰的玩偶还是仓库中的钨块，实体资产的保存方法都已经十分完善。这些实体资产永久化的保存方法，显然不在我们的讨论范围内。但是那些数字资产呢？

人们总不希望当他们买到一个 NFT 后，开开心心打开 NFT 指引的数字资产地址时，屏幕上显示的只有“404”。换句话说，人们希望 NFT 与其关联资产（也可以称为“元数据”）可以永久存在，不会因为网站的倒闭或应用的消失而失去。

将关联资产存储在区块链上可以解决这个问题，这一方式也被称为“链上存储”。链上存储的另一个好处是可以对数据资产进行操作，例如一些添加“子代”概念的 NFT 作品，可以直接通过链上智能合约代码实现“生成子代”的操作。

但是，区块链对这些数字资产的大小有严格的限制，这导致使用区块链保存任意形式的数字资产的想法是不可行的。实际上，目前大部分 NFT 作品也都是存储在链下的，这一方式称为“链下存储”。NFT 通过一个名为 tokenURI 的属性保存这些数字资产的地址，实现 NFT 与资产的关联。这些数字资产的地址中又以 JSON（JavaScript Object Notation，JavaScript 对象表示法）格式保存这些数字资产的详细信息，例如资产的特征、说明和资产实际存储地址等。

数字资产链下存储的实际存储方式可以是使用传统的中央服务器，例如把一张数字图像存储在某个平台运营的中央服务器的数据库中。另一种存储方式则是使用IPFS（InterPlanetary File System，星际文件系统）[①]，它是一种基于 P2P（Peer-to-Peer，点对点）协议的分布式网络协议，旨在实现网络数据的持久化分布式存储。它将数据分散地保存在各个网络节点中，从而实现无限存储容量，进而实现所有文件永久保存的愿景。

1.1.3 十大主要特点

一言以蔽之，NFT 是一种数字化权益证明。它如同各种权益证明一样，可以用于确认与其关联的资产的所有权。NFT 的出现，在很大程度上解决了虚拟世界中数字物品低成本复制、随意使用的问题。换句话说，它极大地加强了数字物品的权益保障。并且，它的出现刺激了各种艺术作品向数字物品转变，并通过 NFT 进入交易市场。关于数字化艺术作品的交易更是一度成为现象级的“造富神话”。

NFT 之所以可以作为数字化权益证明并用于进行各种交易，是因为它的诸多特性。下面将详细地介绍这些特性，给你一个关于 NFT 特性的结构化印象。

- 唯一性：传统艺术作品的数字化作品可以被随意复制，NFT 则借

---

① MURALIDHARAN S, KO H. An InterPlanetary file system (IPFS) based IoT framework[C]. New York: IEEE, 2019: 1-2.

用区块链加密技术保证其关联的数字化作品具有唯一的标识，并且难以被篡改。在理想情况下，NFT 作品创作者可以自行决定某一作品的发行数量并进行唯一标识，流通、交易的每个环节都通过区块链完整记录，因而每份 NFT 都是独一无二的。

- 标准化：传统的数字资产并没有统一的表达方式。但是通过在公有链上显示非同质化资产，开发者可以构建通用、可重用、可继承的 NFT 标准。最著名的标准是以太坊上的两个标准：ERC-721、ERC-1155。绝大多数 NFT 项目都是依照这两个标准创建的，后文也会对这两个标准进行详细介绍。所有标准都应该包括最基本的原语，如所有权、传输和简单的访问控制。
- 不可分割性：也称为原子性，它是指每个 NFT 都是最小的交易对象。NFT 不能被进一步拆分，只交易其一部分。当然，这也导致相较于虚拟货币，NFT 的交易要缓慢得多。这种原子性一定程度上也影响了 NFT 的价格。目前，NFT 这一特性正在受到挑战。各种“可拆分”的 NFT 纷纷被提出。例如，可拆分 NFT(Fractional NFT)。
- 可追溯性：NFT 的活动包括铸造、销售和采购，这些记录都是公开的。每个 NFT 都可以被验证，以证明真伪。每个 NFT 从创建开始，其任何信息改动都会被保留下来，并且可以被任何人查阅。
- 稀缺性：权益证明与货币不同，理应是数量稀少的。开发者有权利限制发行数量，并让 NFT 保持其稀缺性。这是 NFT 具有极大吸引力、NFT 市场持续火爆的原因之一。更重要的是，这有利于数字资产的长远发展。
- 可编程性：NFT 和绝大多数的数字资产一样，是可编程的。大多数 NFT 都依靠以太坊的智能合约实现，因此可以使用 Solidity 对这些 NFT 编程。例如，CryptoKitties 直接在其智能合约中内置了“繁殖机制”。可编程性赋予 NFT 更大的发展空间，使 NFT 变得更加有趣味，例如实现 NFT 的随机生成、兑换等游戏玩法。
- 所有权：NFT 被提出的目的之一是尝试用数字化、去中心化的方式赋予所有者对其关联资产的真正所有权。换句话说，所有者对NFT 的各种操作（如交易）不需要借助任何第三方组织完成。此外，NFT 及其关联资产的所有权归属可以被公开验证。所有权的真实性也不需要任何第三方组织背书。总而言之，真正的所有权是NFT 的关键组成部分之一。随着数字经济的不断发展，毫无疑问，NFT 将成为联系虚拟世界和现实世界最重要的“桥梁”。

- 可转让性：这个特性特指 NFT 使数字资产在不同平台间的交易变得更加容易。在过去，数字资产的转移十分困难，尤其是游戏道具的买卖。这是由于游戏道具虽然在名义上属于用户，但是实际上是由游戏运营平台控制的。现在，NFT 解决了这一问题。用户在NFT 游戏中建立或购买的资产是用户个人而不是游戏运营平台拥有的，所以它们可以在不同的人物之间转移，并且可以从一个游戏带到另一个游戏。进而类似的数字资产可以很容易地在不同的区块链或平台之间转移使用。
- 流动性：非同质化资产的极速可交易性会带来流动性的提升。NFT市场可以满足各种受众的需求，NFT 交易流程简单，从严格的购买者到较不成熟的购买者，他们不同的需求都可以被很好地满足。所以，可以说 NFT 拓展了数字资产这一独特的市场。
- 互操作性：NFT 标准允许 NFT 在多个生态系统之间轻松移动。当开发者启动新的 NFT 项目时，这些 NFT 可以立即在数十个不同的钱包提供程序中查看，还可以在多个市场上进行交易。更重要的是，这些 NFT 还可以在虚拟世界中显示。这是因为开放标准为读取和写入数据提供了清晰、一致、可靠和许可的 API。

总而言之，NFT 的主要特性包括唯一性、标准化、不可分割性、可追溯性、稀缺性、可编程性、所有权、可转让性、流动性、互操作性等，如图 1.3 所示。从技术角度看，NFT 的标准化、唯一性、可追溯性和可编程性确保其安全、可靠。可编程性还可以使 NFT 的设计更加灵活多样。从收藏价值来看，NFT 的稀缺性和不可分割性使其极具价值，而 NFT 的这两个特性无形中增加了其交易难度。从市场来看，NFT 的可转让性、互操作性和流动性确保 NFT 可以跨平台、跨账户交易。没有诸多平台限制时，人们进入 NFT 市场的难度也随之降低，NFT 市场的规模也因此急速扩大。最后，NFT 所有权属于用户的特性真正实现了保护所有者权利的愿望。

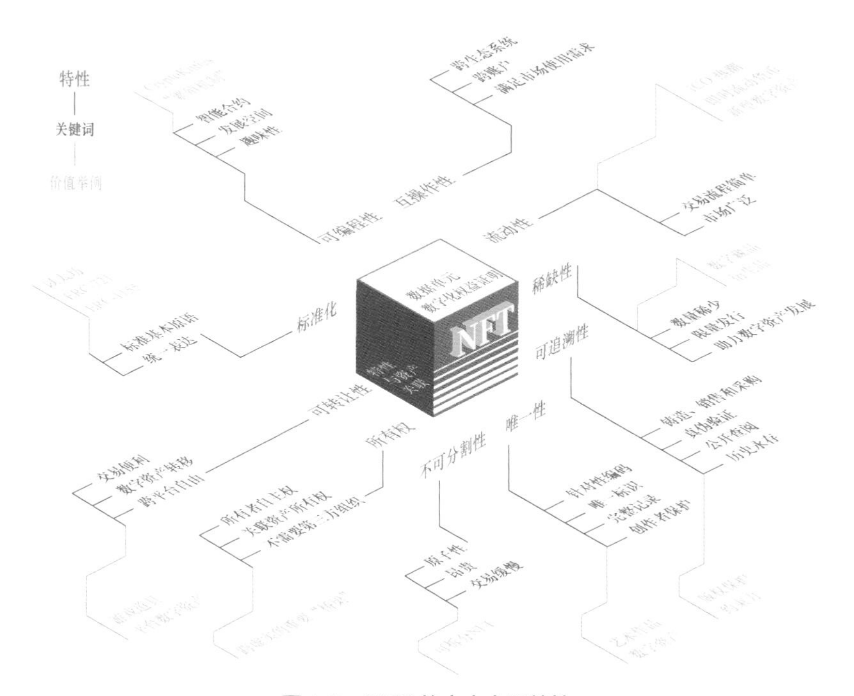

图 1.3　NFT 的十大主要特性

1.2 NFT 的来龙去脉

前文讨论了“NFT 是什么”“NFT 有什么特点”。通过这些讨论，你或许可以对 NFT 有具体的认识，接下来可以带着对 NFT 的进一步思考阅读本书。

“以史为镜，可以知兴替”。了解 NFT 发展的过程，或许可以进一步启发你对 NFT 的思考，并对 NFT 的发展提出自己的看法。这也是我们介绍 NFT 的来龙去脉的意义所在。本节将 NFT 的发展划分为“早期探索”“成功破圈”和“市场快速扩增”3 个阶段分别进行介绍。它们对应的年份分别是“2012 年至 2016 年”“2017 年至 2020 年”和“2021 年至今”。

1.2.1　2012 年至 2016 年：NFT 早期探索

早在以太坊存在之前，2012 年梅尼 · 罗森菲尔德（Meni Rosenfield）发表的一篇论文就已经提出了成为 NFT 驱动力的概念，即“Colored Coins”（彩色币）①。

彩色币的想法是描述一类方法：这类方法用于在区块链上表示和管理现实世界的资产，以证明这些资产的所有权。论文作者的想法是创建一种类似于普通比特币的代币，并添加决定其用途的“令牌”元素，使它们隔离且独一无二。由于比特币的局限性，当时彩色币这一概念很难实现。不论如何，这个概念的提出确实为后续 NFT 的发明提供了宝贵的思路。很快，时隔两年之后，在 2014 年 5 月 3 日，数字艺术家凯文 · 麦科伊（Kevin McCoy）在 Namecoin 区块链上铸造了第一个已知的 NFT——“Quantum”（量子）。“Quantum”是一个像素化八边形的数字图像，并且会循序渐进地改变颜色。它被认为是最早的加密数字艺术 NFT 作品。这个作品的问世表明彩色币的想法是可以被实现的。同一年内，还有几个 NFT 系列作品被开发出来，它们分别是 Blockheads、Comicons 和 CryptoEggs。

在这些初代 NFT 作品问世之后，更多开发者加入了 NFT 队伍，并且在比特币区块链之上构建了 NFT 的交易平台。最具代表性的交易平台就是 Counterparty 平台，它支持一些初代 NFT 作品的交易。值得注意的是，在 2016 年，Counterparty 平台发布了一系列 Rare Pepes NFT。Rare Pepes 是当时十分火爆的卡通形象，被人们二次创作成各

① ROSENFELD M. Overview of colored coins[J]. White paper, 2013, 41: 94.

种传播于网络上的图片和表情包。Counterparty 平台紧跟时代，推出了一款形象为 Rare Pepes 的加密数字版卡牌（实际上就是一个 NFT 系列），并在平台上售卖和交易。这次售卖和交易在区块链圈子内大获成功，并促使当时其他的 NFT 作品在内容题材上纷纷效仿，去努力贴合时代流行元素。这也是为什么很多早期 NFT 作品都以“赛博朋克”或者“像素风”为内容题材。因为“赛博朋克”和“像素风”在当时十分流行。这种贴合流行元素创建 NFT 作品的时代也被称为“模因时代”。

然而，当时的 NFT 作品与交易平台存在诸多缺陷。例如，对于 NFT，当时没有一个标准的定义，很多作品很难被界定到底可不可以称为 NFT 作品，并且这些作品所有权的安全性也无法被完全保证。相似地，当时的交易平台（以 Counterparty 为例）是依靠比特币区块链运行的。但是比特币区块链并没有很好地支持 NFT 的创建和交易。此时，设计一个更适合 NFT 创建和交易的区块链是广大 NFT 创作者和交易者的急切诉求。

无巧不成书，在那个时期，以太坊正好正式启动。NFT 创作者纷纷将目光投向以太坊，因为其包含的智能合约可以很好地支持 NFT 的创建。具体来说，智能合约是一种使用图灵完备语言编写的程序，它可以为 NFT 创建可被调用的标准。此外，可编程性也给 NFT 的创建增加了极大的灵活性。

以太坊上的第一个 NFT 名为 Etheria。它是一个虚拟的等距世界，在这个世界里，玩家可以拥有瓷砖等物品、耕种土块并创建东西。该项目创建于 2015 年，并成为以太坊的一部分。至此，以太坊成为 NFT 创建、交易的主阵地。众多依托于以太坊的 NFT 交易平台也纷纷出现。

在这一阶段，NFT 从概念走向实体。以太坊的出现也给规范 NFT 创建方式、规范交易流程带来可能。此时，NFT 作为新生事物活跃于区块链圈子中，但圈外人并不了解。

1.2.2　2017 年至 2020 年：NFT 成功破圈

虽然以太坊可以借助智能合约来为 NFT 制定标准，但第一个标准的诞生是需要过程的。标准诞生的故事要从大名鼎鼎的 CryptoPunks 的创建讲起。该项目是由 Larva Labs 的创始人约翰 · 沃特金森（John Watkinson）和马特 · 霍尔（Matt Hall）与一家加拿大软件开发商共同构思完成的。CryptoPunks 的灵感来自伦敦朋克文化和赛博朋克运动，该系列作品于 2017 年 6 月推出。

它是由 10 000 张 24 × 24 像素图片组成的，内容包括女人、男人、外星人、僵尸和猿类等。每个作品都由多种独有的特征组成，包括帽子、烟斗、项链、耳环、眼罩等。起初它可被免费赠予任何想要的人。不过，由于获得它需要拥有区块链钱包，因此它都被赠予区块链圈子内部的人。

仅隔 4 个月，Dapper Labs 团队开发出 CryptoKitties 项目，并提出了 ERC-721 协议。关于该协议，以太坊官方阐述为"ERC-721 由威廉 · 恩特里肯（William Entriken）、迪特尔 · 雪利（Dieter Shirley）、雅各布 · 埃文斯（Jacob Evans）、娜塔莎 · 萨克斯（Nastassia Sachs）在 2018 年 1 月提出，是一个在智能合约中实现代币 API 的 NFT 标准。"最重要的是，ERC-721 协议确认了关于 NFT 的两个基本方法，一个是确认谁拥有 NFT 的方法，另一个是确认 NFT 如何交易的方法。此外，ERC-721 协议还确定 NFT 应该具有不可分割、不可互换的特点。所以当前主流的 NFT 使用的底层协议基本上都是 ERC-721。

在 ERC-721 协议之后，NFT 领域陆续诞生了新的协议，例如半同质化通证协议 ERC-1155、可组合 NFT 协议 ERC-998、ERC-725、ERC-1190 等。针对不同的使用场景和复杂的需求，更多的协议被开发出来，用以支撑更多元化的 NFT 应用。随着 NFT 协议的发布，NFT 渐渐走上正轨。除了区块链圈子内的人，外部人士也渐渐关注起了 NFT。此时，CryptoKitties 也获得了巨大成功。

随着 CryptoKitties 的成功，NFT 游戏蓄势待发。第一个在该领域"破土"的是以太坊上的去中心化 VR 平台 Decentraland（MANA）。Decentraland 是一个开放世界的游戏平台，允许玩家探索、建造、收集物品等。玩家在区块链上找到、赚取和建造的一切物品都属于玩家。不久之后，其他类似的游戏平台纷纷出现。这些游戏平台允许开发者在以太坊上标记他们的游戏内物品，让这些游戏内物品在现实世界中具有价值。同时，一种基于区块链的贸易和战斗游戏也出现了，即 *Axie Infinity*（AXS），这是一款由玩家部分拥有和运营的游戏。

从 2018 年到 2020 年，各种 NFT 交易平台（例如 OpenSea、SuperRare 等）纷纷进入大众视野。它们旨在帮助用户创建自己的 NFT，同时也为 NFT 的流通建立了各种二手市场。在这个时期，与加密领域其他赛道相比，虽然 NFT 所占的份额还很小，但它已经成功破圈，并且展现出快速扩增的趋势。

1.2.3　2021 年至今：NFT 快速扩增

2021 年是 NFT 市场快速扩增的一年。这一年，NFT 交易额和交易量出现了爆发和激增。这一年的繁荣的因素之一是艺术市场和整个行业发生的巨大变化（这一点在 1.4.2 节中有所介绍）。当时著名的两个拍卖行佳士得和苏富比，不仅将它们的拍卖活动带到了虚拟世界，而且开始销售 NFT 艺术品。最著名的例子莫过于佳士得以 6934 万美元的价格，破纪录地出售 Beeple 的 NFT 作品，出现在如此著名的拍卖行的巨额交易给一众投资人展现了 NFT 市场的巨大潜力。

除了著名的佳士得拍卖活动引发市场对 NFT 的需求激增，另一个连锁反应是其他区块链也参与到 NFT 市场中，并开始构建它们各自的 NFT 创建、交易平台以及 NFT 社区。这其中包括 Cardano、Solana、Tezos 和 Flow 等区块链。2021 年底，随着“元宇宙”的概念出现以及 Facebook 更名为 Meta，NFT 需求进一步激增。这是由于元宇宙中的各种数字资产更需要 NFT 的支持，以保护其所有者的权利。

到了 2022 年，NFT 市场进一步扩大。虽然 2022 年的 NFT 市场经历了诸多波折，一度陷入高开低走的局面。但是整体来看，前三季度的交易总额已经比 2021 年全年交易额增长了 28%。可见，人们对 NFT 市场依旧充满信心。有意思的是，在 2022 年，更多的中小投资者为 NFT 市场注入活力。这进一步反映人们对 NFT 的积极态度，即 NFT 是未来可期的。

图 1.4 展现的是 NFT 从早期探索到成功破圈，再到快速扩增的发展史概览。纵观 NFT 的发展史，它从概念提出到成为区块链市场中十分重

要的一部分仅用了 9 年时间。在这短短 9 年时间内，NFT 经历了无数个重大事件。换句话说，它的成功并不是一蹴而就的，而是在区块链得到市场认可的良好前提下，一步一个脚印积累出来的。因此，人们有理由相信，在未来，NFT 有望成为区块链领域最重要的资产类别。

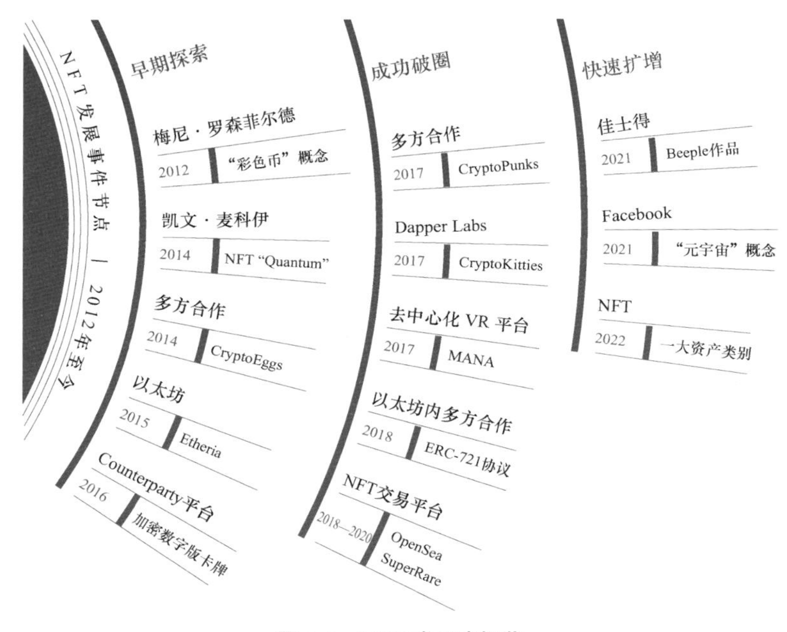

图 1.4 NFT 发展史概览

1.3 NFT——技术革新

当讨论一个新生事物时，它的使用价值永远要比它的商品价值更加重要。毕竟它的使用价值可以真正反映它对这个世界做出了什么贡献。基于这个观点，在讨论 NFT 为什么爆火之前，不妨先探究一个问题：NFT 的出现到底是不是一场有意义的技术革新？

总结 1.1 节和 1.2 节的介绍，NFT 可以理解成一种安全的、透明的、不需要第三方控制的数字化权益证明。从 NFT 的发展史可以看出，它的成功并不只是资本的炒作，它经历了一段时间的技术积累。所以，它可以被称为关于数字化权益证明的一场技术革新。进一步来说，它最大的作用是解决了虚拟世界中数字物品低成本复制、随意使用的问题。与此同时，它展现了权益证明不需要第三方认证的可能性。其次，它加快了艺术作品数字化的脚步。最后，它还是区块链在元宇宙和 Web 3.0 中的一个重要的应用，搭建了区块链与元宇宙、Web 3.0 之间的桥梁。

图 1.5 所示是对 NFT 使用价值的整体概述。图中最下方表示 NFT 作为数字化权益证明的各种应用领域。这一部分形象地说明了 NFT 解决了哪些领域的数字物品滥用问题。中间部分则表示 NFT 在“艺术作品数字化”等问题上提出了哪些解决方案。通过这些解决方案，NFT 可以使艺术作品的数字化变为可能。图中最上方表示 NFT 在元宇宙、Web 3.0 等技术中的各种潜在使用情境。可见，NFT 可以在元宇宙、Web 3.0 中进一步发挥作用。

下面将深入探讨 NFT 到底具有哪些使用价值。

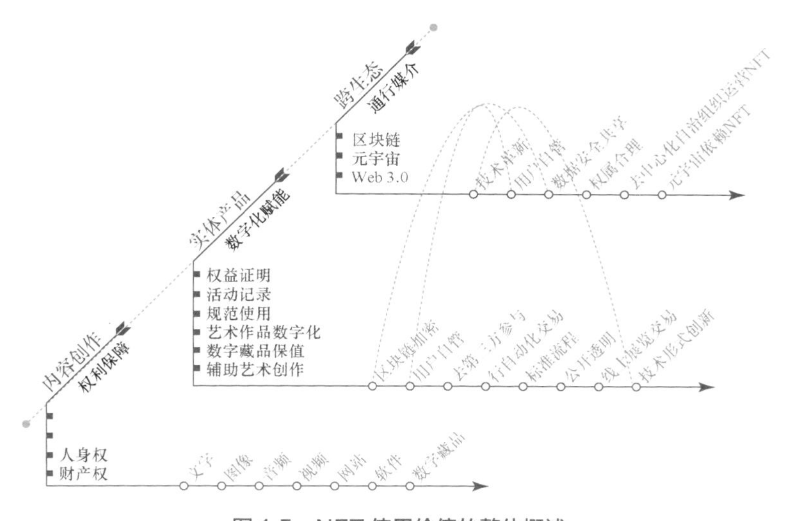

图 1.5　NFT 使用价值的整体概述

1.3.1 数字物品滥用乱象不再

以往，人们很难对其发表在互联网上的文字、图像、音频等进行合理的维权。维权的难点在于很难证明这些信息的来源。即使一个网页在引用其他网页信息时明确标注了信息来源，也很难证明这个信息来源就是信息的源头。换句话说，这些标注只回答了“我从哪里获得的信息”这个问题，却没有回答“这条信息的源头在哪里”。人们在追查信息源头时，需要顺着这些标注，一步一步地溯源。但凡中间某一步的标注缺失，真实的源头也将难以被找到。此外，错误的信息标注会加大溯源的难度。此时，记录这些信息源头的权益证明的存在显得尤为重要。

其实，当前已经有类似的权益证明存在，如软件著作权。软件著作权通过实体机构认证，来记录某个软件的创作源头，维护开发者的权益。那么，互联网上的文字、图像、音频等可否套用这个方法，形成相应的著作权？答案是否定的，因为这些互联网数据的体量太庞大了，是软件数量不可比拟的。很难有实体机构可以应对数量如此庞大的权益认证需求。所以，数字物品的权益证明最好是由用户发起并且自动受理和管理的。当然，在此基础上，还需要保证权益证明的安全性。

由于 NFT 是部署在区块链上、使用区块链加密方法的权益证明，因此它的安全性有所保障。加之，区块链是自动运行的，并不需要人为维护，因此 NFT 的创建、流通等一系列操作也是自动的、没有第三方参与的。综上，可以说 NFT 是解决数字物品权益证明问题的有效方法。

读到这里，你可能会提出这样的疑问：“NFT 具有稀缺性，那它为何可以处理数量庞大的数字物品权益证明需求呢？”首先，NFT 的稀缺性是相对的。其次，它的稀缺性是指“开发者有权利限制发行数量，并让 NFT 保持其稀缺性”。也就是说，NFT 的稀缺性是一种人为行为，而不是技术本身的限制。因此，从技术上来说，NFT 是完全可以应对大规模数字物品权益证明需求的。

现如今，各种 NFT 交易平台通过简洁明了的可视化界面为用户创建使用区块链的接口。用户可以通过这些平台自主地申请创建和交易 NFT。

并且，由于 NFT 不需要借助第三方管理的特点，其创建、交易流程也十分便捷。更重要的是，由于区块链整体的公开性，运行在其上的 NFT 也是公开透明的。任何人都可以无阻碍地查看任何 NFT 的内容，这让信息的正确引用变得便捷。

总而言之，NFT 是解决当前虚拟世界中数字物品随意复制、随意使用等问题的有效方法。它解决了数字物品申请权益证明时的各种难点问题。并且，NFT 的创建和交易流程是十分便捷的。

1.3.2　艺术作品数字化的“引路人”

当数字物品滥用问题被解决时，艺术作品数字化将可以实现。此时，艺术创作者不用担心自己的数字化作品被乱用；收藏者也不用担心自己购买的数字作品由于被滥用而贬值。

艺术作品数字化主要指两个方面。其一是将已有的艺术作品转化为数字形式进行展览和交易。这一行为本质上是 NFT 的创建与交易，这些内容将在第 2 章详细介绍。其二是利用计算机和 AI（Artificial Intelligence，人工智能）辅助艺术家进行艺术创作。这种艺术创作的作品可以称为“数字艺术”。对数字艺术的介绍和相关 AI 算法的介绍将是第 3 章的主要内容。

其实，不仅是 NFT 促进了艺术作品的数字化，反过来艺术作品的数字化也成就了 NFT。换句话说，艺术作品数字化是 NFT 市场在 2021 年迅速崛起的契机。这一点将在 1.4 节讨论 NFT 市场时进行介绍。

总之，不可否认的是，NFT 作为一个新概念、一项新技术；它不只解决了以往无法解决的数字物品滥用问题，还给其他传统领域注入了新的活力。

1.3.3　区块链与元宇宙、Web 3.0 的“桥梁”

虽然区块链本身可能可以解决在元宇宙和 Web 3.0 中存在的网络速度瓶颈问题，但 NFT 使区块链与元宇宙、Web 3.0 的联系更加紧密。这里不具体介绍 NFT 是如何依赖区块链的（这将在第 4 章详细介绍），而是仅从宏观层面分析“NFT 如何使区块链与元宇宙、Web 3.0 紧密联系在一起”。

正如 1.3.1 节所述，NFT 解决了数字物品滥用的问题，使大量数字物品申请权益证明变得可行。在未来的元宇宙和 Web 3.0 中，权益证明申请需求将更加迫切。

元宇宙被理解成现实世界的延伸，未来其内的数字物品将会与实体经济更紧密地关联。换句话说，元宇宙中的很多数字物品将被看作独一无二且具有实际价值的物品。例如，人们如今在模拟经营类游戏中装扮的虚拟家园往往只是一串代码。但在元宇宙中，这样的虚拟家园可能会跟实体经济紧密相连。此时虚拟家园虽然本质上依旧是一串代码，但是它的价值远远超过了一串代码应该具有的价值。因此，为它申请权益证明是十分有必要的。相似的例子在未来的元宇宙中会有更多。

类似地，Web 3.0 提倡的是“数字信息所有权交还给用户，数据实现真正共享”的理念。NFT 并不需要第三方来控制，就可以实现数字信息所有权交还给用户的想法。此外，NFT 的安全性保障了所有权的安全性。在此基础上，如果 1.1 节中提到的 NFT 权属问题被合理解决，人们届时可以依靠 NFT 实现数据真正的安全共享。

总而言之，从 NFT 的使用价值来看，它可以被看作一场关于互联网数字物品权益证明的技术革新。它在一定程度上解决了此类物品的滥用问题，并由此促进了艺术作品数字化的进程，也为元宇宙和 Web 3.0 提供“对非同质化数字物品进行权益证明”的解决方案。

1.4 NFT——时代的财富密码

区块链技术从一开始的无人问津到影响全球，花费了十几年的时间。

几乎没有人可以想象，当初被认为技术壁垒重重、实现价值不高的区块链技术如今会成为解决网络信任问题的关键技术。

现如今，人们眼中的 NFT 与当初的区块链技术一样，都是新时代的新技术。但是 NFT 与区块链技术不同的是，在它诞生之初，它就快速地吸引了大众的关注。从 2012 年彩色币的概念被首次提出算起，仅过去 5 年，一款名为“CryptoKitties”的 NFT 系列作品就完成单个作品最高 58 万美元交易额的创举。但这还远不是 NFT 的巅峰。在 2021 年，NFT 市场爆发的元年。这一年，NFT 的总交易额高达 176 亿美元。

可见，NFT 很可能引发新一场技术革命。面对如此机遇，全面了解 NFT 市场情况是十分必要的。本节将介绍 2022 年 NFT 市场的发展情况，分析 NFT 市场迅速扩增的原因，并简要介绍 NFT 在监管方面可能面临的问题，给你对 NFT 市场相对客观的思考。最后，我们将面向未来，展望 NFT 在未来的可能商机。读完本节，你或许会对 NFT 市场产生进一步的思考，也可能产生更多的问题，你可以在后续章节中寻找答案。

1.4.1　NFT 市场、生态、应用概述

谈及 NFT 的市场，自然而然产生 3 个问题：NFT 市场的具体交易规模有多大？NFT 的整体生态是什么样的？NFT 的应用场景都有哪些？在本节，会具体介绍 2022 年 NFT 市场交易规模，并简要列举 NFT 的生态和应用场景，让你对 NFT 生态和应用场景有大致印象。在后面的章节中，有关于 NFT 生态的具体阐述，也有关于 NFT 应用场景的详细举例。你可以带着阅读本节产生的兴趣，去阅读后续章节，更详细地了解 NFT 生态和应用市场。

1. 2022 年 NFT 市场交易情况

纵观 2022 年 NFT 市场交易整体走势，可谓高开低走。根据 2022 年前 3 个季度的 NFT 市场交易规模报告（NonFungible 网站的“Quarterly NFT Market Report”），在 2022 年的第一季度，NFT 的交易总额就逼近 2021 年全年的交易总额，达到 120 亿美元，交易量也

达到 2800 万笔。但是到了 2022 年第二季度，由于 Terra 生态系统的崩溃和随之而来的 CeFi 清算等一系列事件发生，NFT 交易总额呈现下滑趋势。与第一季度相比，第二季度交易总额达到 80 亿美元（环比下降约 33%），交易量达到 2023 万笔（环比下降约 28%）。市场对危机的反应具有延后性，第二季度 NFT 市场的动荡导致第三季度 NFT 市场进一步低迷。第三季度 NFT 交易总额仅有 25 亿美元。但是在第三季度，NFT 市场需求依然保持稳定，即使在 NFT 交易总额急剧下降的情况下，独立 NFT 交易者数量仍处于水平面之上（超过 220 万）。此外，同比来看，第三季度的独立 NFT 交易者数量依旧表现优于 2021 年同期（增长 36%）。这意味着，虽然拥有大量投资组合的投资者（他们通常被称为“巨鲸”）仍是 NFT 交易总额占比的巨头，但新晋购买者数量明显增加。这表明仍有很多人对 NFT 感到好奇，也希望在这一资产类别中加大投入。由此可见，相较 2021 年，2022 年人们对 NFT 市场的信心是持续增长的。

总的来说，2022 年 NFT 前 3 个季度交易总额已经达到 225 亿美元，较 2021 年全年交易总额增长 28%。加上第四季度的交易总额，2022 年全年交易总额进一步提高。

2022 年，虽然 NFT 市场随着区块链经济波动而几经沉浮，但是其依旧保持活力，展现出强大的韧性。下面，我们深入 NFT 市场的几个具体类别中，细看它们各自表现如何。

（1）数字藏品 NFT：它是 NFT 市场的主流交易对象。其中 52% 数字藏品都是头像图片类别的藏品。整体来看，数字藏品交易总额在第一季度达到 90 亿美元，第二季度和第三季度分别达到 50 亿美元和 7.13 亿美元。从进行交易的区块链平台来看，以太坊依旧是数字藏品交易的主导链。但在第三季度，以太坊上的数字藏品交易量占总交易量的 26.22%，颓势明显。总的来说，以太坊目前更被大额买家青睐，中小交易者则更倾向于其他区块链，并且中小交易者的交易量也明显增长，有赶超大额买家交易量的趋势。

（2）蓝筹 NFT：与 2021 年相比，蓝筹 NFT 交易总额只有小幅度上涨。随着 NFT 市场整体波动，蓝筹 NFT 交易总额明显环比暴跌。可

见，早期的几个知名 NFT 产品并不是支撑整个 NFT 市场增长的中流砥柱，NFT 市场在 2022 年呈现“多点开花”的局势。同时，这些蓝筹 NFT 的单笔交易最低价较 2021 年并没有明显降低。这意味着这些蓝筹 NFT 的价值依旧被市场认可。这也进一步反映投资者普遍持有 NFT 价值依旧向好的观点。

（3）数字艺术 NFT：它是指由 NFT 连接实体艺术作品而生成的 NFT 作品。近几年，线上展览推动了数字艺术 NFT 的发展。整体来看，数字艺术 NFT 交易数据下降明显。第一季度交易额超过 3 亿美元。但是到了第三季度，交易额暴跌到 5900 万美元。但 2022 年数字艺术 NFT 交易也有亮点，即纽约现代艺术博物馆（MoMA）考虑斥资 7000 万美元购入 NFT 相关艺术品。

（4）游戏 NFT：近几年，NFT 进入游戏的理念被各大游戏公司接受，例如游戏巨头之一的育碧公司。此外，运行在区块链上的游戏很多都使用 NFT 进行交互，这类游戏的数量有明显的上涨趋势。当然，并不是所有游戏公司都接受 NFT 进入游戏的理念，例如 Electronic Arts 就明确拒绝 NFT 进入其旗下的游戏产品中。从 2022 年的游戏 NFT 交易数据来看，其交易额随市场的波动而产生明显的波动，第一季度的游戏 NFT 交易额高达 10 亿美元，第二季度的不到 5 亿美元，第三季度的更是下跌至 7100 万美元。虽然游戏 NFT 交易额下降明显，但是 NFT 游戏依旧吸引了超过 40 亿美元的投资。可见，资本依旧看好 NFT 游戏的前景。

（5）奢侈品 NFT：奢侈品 NFT 的表现与 NFT 总体表现相似，呈现明显的下滑趋势。这是由于奢侈品 NFT 依然处于起步初期，其交易额最高也只在 1000 万美元左右波动。当 NFT 市场发生波动时，此类初期 NFT 种类的交易表现是首当其冲的。

（6）体育 NFT：体育 NFT 也受 NFT 整体交易波动影响。但值得肯定的是，由于各大体育赛事在全球的巨大影响力，体育界仍有望成为较活跃的 NFT 垂直市场之一。

图 1.6 展示了 2022 年前 3 个季度的 NFT 交易总额和不同类别 NFT 交易额。从图 1.6 中可见，数字藏品 NFT 作为 NFT 市场的主要交易对象，

其前3个季度的交易额变化情况与交易总额变化情况相似。另外，剩余类别NFT交易额体量与数字藏品NFT交易额体量完全不在一个量级。同时，这些类别NFT交易额随季度下降的趋势比NFT交易总额下降趋势稍缓，但整体依然呈现下降态势。不论如何，从图1.6中可知，NFT市场在前3个季度中的波动辐射到了所有类别中。但这些体量较小的NFT市场展现出了顽强的生命力，并没有因为整体市场波动而直接崩盘。

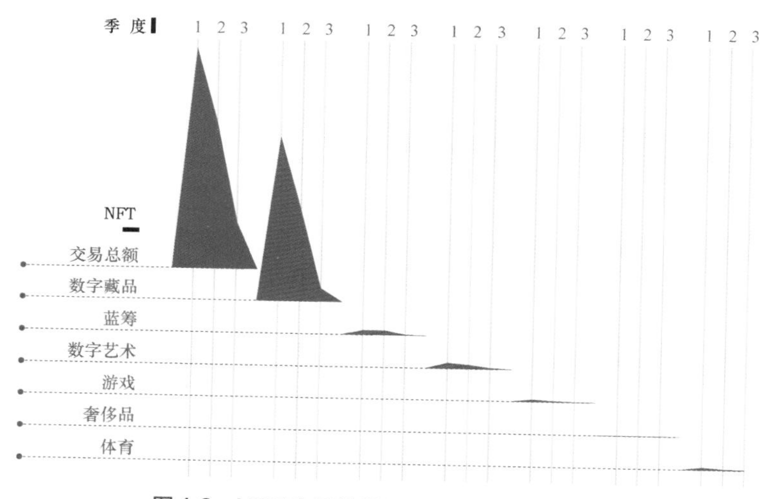

图1.6　NFT交易总额和不同类别NFT交易额

总而言之，不论是从NFT交易额的整体走势还是具体类别NFT交易额的走势来看，2022年NFT交易在前3个季度都是高开低走的。但是，2022年前3个季度NFT的交易总额依旧比2021年增长了28%。除此之外，根据各类别NFT的交易情况来看，市场对主流NFT类别依旧抱有信心。并且，越来越多的中小投资者进入NFT市场，逐渐成为NFT市场不可忽视的一股力量。最后，NFT也在积极地将自身影响辐射到各垂直领域，例如游戏、体育等。可以预见的是，在不久的未来，NFT有望为这些垂直领域带来新的活力。

2. NFT生态产业

NFT依托于区块链，因此区块链产业是NFT最重要的上游产业。具

体来说，NFT 的标准由各种区块链上的智能合约定义，并且 NFT 的交易依赖区块链完成。此外，数字藏品依旧是 NFT 的主流形式，数字藏品设计也是 NFT 主要上游产业之一。

平行来看，各种交易平台是 NFT 生态中重要的一环。由于以太坊是进行 NFT 交易最主要的区块链，其上知名的交易平台数量是非常多的。这些运行在以太坊上的交易平台中，OpenSea 是最知名的 NFT 交易平台。此外以太坊上还有 Rarible、SuperRare、Nifty Gateway、Foundation、Enjin 等一些知名交易平台。当然除了以太坊，其他区块链上也有很多 NFT 交易平台，这里不一一列举，具体内容见第 2 章。

展望未来，NFT 生态中有元宇宙、Web 3.0 的一席之地。更准确地讲，NFT 将成为元宇宙和 Web 3.0 中重要的技术。依赖 NFT，元宇宙中的数字资产将依靠 NFT 实现真正的非同质化。随着互联网向 Web 3.0 发展，NFT 交易平台也将由中心化的组织向去中心化自治组织（Decentralized Autonomous Organization，DAO，中文通常称其为“岛”）进行转变。

最后，NFT 与数字经济的发展必然是相辅相成的。数字经济将是 NFT 最重要的下游产业。换句话说，数字经济将依靠 NFT 技术得以实现。这部分内容也将在后续章节进行具体介绍。图 1.7 形象地总结了上述 NFT 生态，并展示了大量生态案例。由图 1.7 可见，NFT 涉及诸多领域，可以预见，NFT 的火爆会给相关领域带来新的活力，这些领域的发展也会促使 NFT 市场进一步扩增。

3. NFT 应用场景

了解 NFT 生态，投资者可以对 NFT 市场产生整体把握。但是消费者更关心的是 NFT 将会给生活带来哪些变化。或者说，NFT 的应用场景都会有哪些呢?

目前，NFT 主要影响的垂直领域有艺术、音乐、体育、收藏品和游戏。在艺术领域，由于近年线下艺术展会举办、艺术品交易困难，随着 NFT 的流行，用 NFT 关联艺术作品并对其进行交易成为一大趋势。

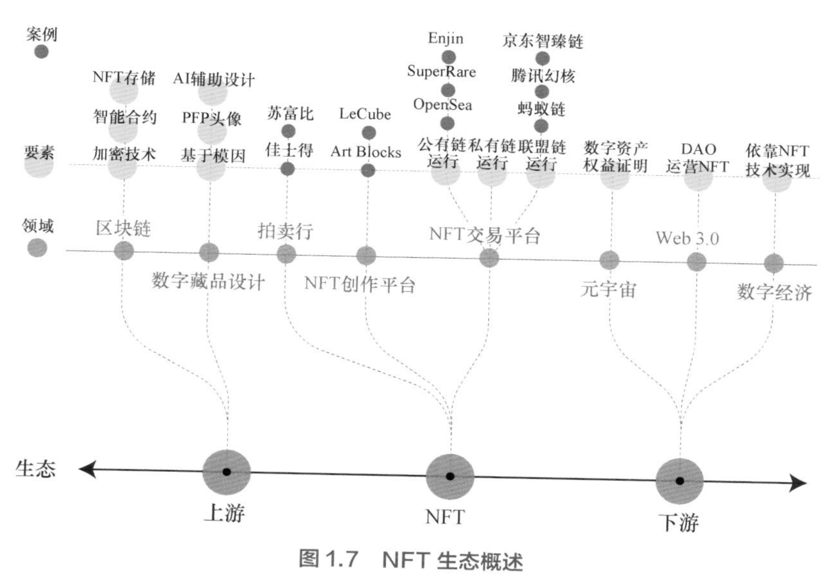

图 1.7 NFT 生态概述

另外，音乐、体育领域则是 NFT 在所有权方面的探索。可以预见，随着 NFT 在这些领域的深入，NFT 的所有权定义会愈加清晰。举例来说，主流 NFT 音乐平台涉及音乐作品数字化的方方面面。平台一方面借助 NFT 促进音乐作品数字化的进程，另一方面也借助音乐作品的各种权益问题完善 NFT 的定义。

收藏品领域是当前对 NFT 市场规模增长贡献最大的领域。由于 NFT 自身具备稀缺性这一特点，各种 NFT 以及与之关联的数字作品自然而然地被当作极具收藏价值的收藏品，进而被广泛交易。此外，从 2021 年起，传统的拍卖行以及博物馆也纷纷入局 NFT 市场，进行 NFT 的拍卖与收购。

最后，游戏领域应该是 NFT 可以大展身手的领域。因为 NFT 对游戏资产进行非同质化的行为，也是对“元宇宙”中数字资产非同质化的重要探索。

在后续章节，我们将会深入这些领域，具体介绍 NFT 与这些领域如何相互关联、NFT 给这些领域带来了怎样的活力、这些领域如何促进

NFT 的完善。

1.4.2　NFT 的助燃剂究竟是什么

NFT 市场地位在近两年迅速崛起，在极短时间内，NFT 单笔交易额有了难以置信的转变。NFT 给人的印象一直是一个突然出现的绝佳商机。人们既不想错过风口，对入局跃跃欲试，又担心这个商机终将只是昙花一现，自己可能成为市场的“休止符”。但实际上，NFT 突然出现的缘由可以用 4 个字概括：厚积薄发。

图 1.8 展现的是影响 NFT 成功爆火的元素。简单来说，NFT 的出现既因为技术成熟，又因为市场对区块链、虚拟货币经过了较长时间的了解，当然不可否认的是，还因为一点点运气。下面将从技术、市场和那一点点运气出发，探究 NFT 市场的“助燃剂”究竟是什么。

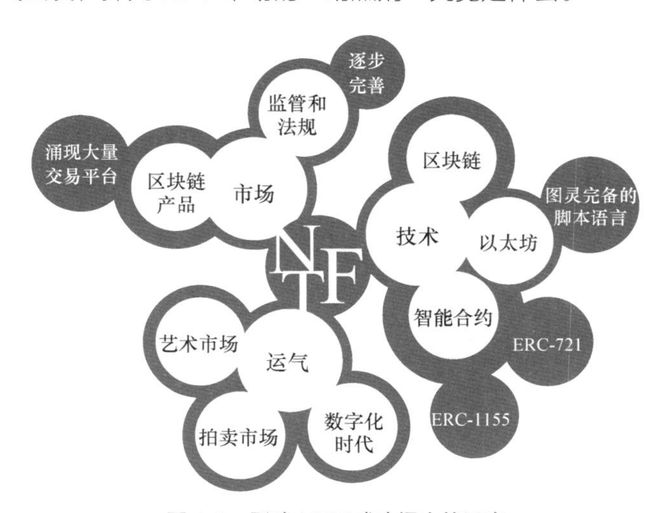

图 1.8　影响 NFT 成功爆火的元素

1. 名为“技术”的助燃剂

从技术来看，NFT 的出现离不开区块链技术的成熟。具体来说，凭证所需的正是区块链技术可以提供的安全性和不可篡改性。进一步来说，非数字化凭证一直有繁杂的认证流程。认证流程繁杂的原因是这些凭证需要第三方平台的支持，而这正是区块链倡导的“去中心化”可以解决的。因此，当区块链技术趋于成熟时，NFT 的思想应运而生。

仅有这些是不够的，NFT 不仅是被存储在区块链中的信息，它还应该可以作为物品被交易、流通等。但是当时的区块链是使用十分简单的脚本编写的，只能满足非常简单的信息存储需求，并不足以支持这个想法。随后，使用图灵完备的脚本语言编写的以太坊出现了，更重要的是，以太坊支持智能合约上链，也就是可以在区块链上执行复杂的程序脚本。这一点，充分满足将 NFT 当成一件物品进行创建、交易的需求。所以很快，作为 NFT 最重要标准的两个智能合约（ERC-721 和 ERC-1155）出现了。它们的出现标志着 NFT 技术转入成熟期。此后，具有极高安全性的 NFT 具备了步入市场的条件。

2. 名为“市场”的助燃剂

当然，技术成熟不代表能得到市场的“入场券”。市场的关注才是获得“入场券”的充要条件。

虚拟货币从技术成熟到获得市场关注，经过了市场的重重考验。NFT 借着虚拟货币的“春风”，快速地获得了市场的关注。换句话说，虚拟货币为 NFT 夯实了市场基础。虚拟货币的出现，让此类区块链产品的交易流程得到完善，也让此类产品的监管和法规趋于完善。这些是 NFT 顺利入市的重要市场基础。此外，各种区块链交易平台如雨后春笋般出现，此类交易平台只需要进行快速技术升级，便支持 NFT 的交易。因此，当 NFT 入市时，大量的交易平台为其搭建了巨大的舞台。

完善的市场基础成为 NFT 成功入市的“入场券”，标志着它正式“穿上燕尾服步入这场盛大宴会”。

3. 那一点点运气

不可否认，在 2021 年之前，一些现在知名的 NFT 产品已经小有成就。但 2021 年是 NFT 真正快速破圈的元年。在这一年，NFT 从“区块

链附庸”一跃成为这场“宴会”的中心人物。

这个转变得益于艺术市场和拍卖市场对 NFT 的关注。NFT 给艺术市场和各个艺术创作者以及拍卖行业的冲击无疑是巨大的。众多艺术创作者纷纷将自己的艺术作品变成数字形式，并使用 NFT 保护其作品的所有权。在此基础上，艺术创作者还可以通过贩卖 NFT 来实现艺术作品的交易。这让 NFT 在艺术市场取得极大成功，并吸引拍卖市场的关注。由于 NFT 自身具备的稀缺性使其极具收藏价值，各个拍卖行纷纷尝试入局 NFT 的拍卖。最知名的莫过于本章一开始提到的，佳士得拍卖行将 Beeple 的数字艺术作品 *Everyday: The First 5000 Days*（每一天，前 5000 天）以高达 6934 万美元的价格拍卖出去。这些因素的叠加，给 NFT 出圈提供了绝佳的机会。

NFT 在艺术市场和拍卖市场的出圈成为 NFT 爆火的临门一脚。不得不说，数字化时代快速扩增的各种线上活动是 NFT 爆火的那一点点运气。

因此，NFT 在 2021 年扶摇直上，一跃成为当时极具关注度的热点话题之一。它的成功离不开技术的成熟，更离不开市场的认可。所以，可以预见，在未来 NFT 是大有作为的。

1.4.3　关于 NFT 监管的一些杂谈

对技术的监管往往会滞后于技术的发展，元宇宙如此，Web 3.0 如此，NFT 也是如此。通过本章的介绍，你眼中的 NFT 应该是技术快速发展、市场欣欣向荣的。但不可否认，繁荣的市场背后暗藏一些问题，例如别有用心的人借助 NFT 进行欺诈，以及 NFT 市场极速扩张带来的一些监管问题。与对 Web 3.0 的监管一样，目前全世界对 NFT 的态度与监管策略也不尽相同，因此我国参考其他国家的经验，及时提出适合我国国情、适合 NFT 发展的监管体系是刻不容缓的事情。上面这些关于 NFT 监管的思考并不是一两句话可以概括的，因此本书第 8 章将对这个重要问题进行全面的讨论，希望可以帮助你避免在 NFT 市场中被不法手段伤害。

1.4.4 NFT 的未来商机

如果 NFT 不具备真正的实用价值，投资热度终将只是昙花一现。但是，正如 1.4.2 节所述，NFT 的成功离不开成熟的技术支持。从本质上说，NFT 是一种安全的数字化权益证明，它保护了人们对数字资产的所有权；从形式上说，NFT 构建在去中心化的区块链上，这保证它的任何交易、流通都不需要中心化的组织管理。仅基于这两点，NFT 便可以展现其在未来虚拟世界乃至现实世界中的潜力。

关于 NFT 在未来的潜力其实在 1.3 节中已经描述过，而本节将从市场的角度对 NFT 在未来的作用再次讨论。下面我们详细探讨 NFT 的技术革新到底蕴含着什么样的商机。

- NFT 作为一种数字化权益证明，完美适配元宇宙的理念。元宇宙作为现实世界在虚拟世界中的延伸，其内的各种数字物品也应该是非同质化的。举例来说，现实世界中不同的房屋应当是非同质化的资产。并且，它们都有“房屋产权证明”来确保房屋所有者的权利。在元宇宙世界中的数字房产呢？抑或是其他的重要数字资产呢？相似地，NFT 可以作为这些非同质化数字资产的权益证明，保护所有者的权利。所以，可以说 NFT 是支持元宇宙作为现实世界延伸的重要技术。
- 在未来，虚拟世界可能发生从“中心化”向“去中心化”的转变。换句话说，当“Web 3.0”时代到来时，传统的“客户端 / 服务器网络”将被“分布式网络”取代。或许传统的权益证明系统需要做出相应的改变，来适应网络架构的改变。但是 NFT 作为运行在区块链上的数字化权益证明，完美适配分布式网络。唯一不同的是，如今，NFT 的交易平台都由各种实体化的、中心化的组织运营。或许在未来，DAO 可以承担 NFT 交易平台的运营。这样，不仅 NFT 交易本身可以被公开、透明地执行，NFT 交易平台也可以由一套公开、透明的规则来管理和运营。

实际上，NFT 与元宇宙和 Web 3.0 的结合已经处于探索的初期。在

后续章节中，将会更加深入地探讨 NFT 与元宇宙和 Web 3.0 是如何结合的，并使用大量例子来支撑这些讨论。或许，通过这些讨论和例子，你可以对 NFT 与元宇宙和 Web 3.0 的关系构建更加全面、具体的认知。可以概括地说，NFT 的技术是十分适配元宇宙和 Web 3.0 的。并且，因为人们认为元宇宙和 Web 3.0 将是未来的大势所趋，所以在这样的未来中 NFT 必然会绽放更夺目的光彩。

第 2 章

NFT 的创建与流通

大多数打算接触 NFT 的投资者、玩家或者艺术家在进入 NFT 市场前都面临几个相似的疑问，例如“我要如何创建我的第一个 NFT”“我要在哪里以及如何购买和卖出 NFT”以及“我在哪里能找到志同道合的朋友”。本章旨在从大众角度解答这些问题，使你可以轻松、顺利地进入 NFT 市场并在 NFT 市场中找到属于自己的乐趣。本章内容分成 3 节，分别从创建 NFT、发布和获取 NFT、NFT 社群 3 个角度引导你进入 NFT 的世界。

2.1 创建 NFT

本节主要介绍如何创建 NFT。虽然市面上 NFT 交易平台多种多样，但是在这些 NFT 交易平台上创建 NFT 的流程都大体相似。首先，2.1.1 节将详细讲解创建一个 NFT 的基本流程。随后，2.1.2 节将展示在两个知名 NFT 交易平台（OpenSea 和 Rarible）上创建 NFT 的具体流程，使你可以快速上手。最后，2.1.3 节将罗列已知的比较常用的 NFT 交易平台，并对它们进行横向对比，使你对 NFT 交易平台有一个整体把握，从而选择适合自己的平台。

2.1.1 创建 NFT 的基本流程

NFT 市场不断吸引广大投资者加入，但“天下没有免费的午餐”。加入 NFT 市场虽然相对简单，但也有一定的成本，例如 NFT 从创建到交易都离不开的“汽油费”。此外，或许 NFT 交易对一些十分在意环境保护的人士是不友好的。所以在具体介绍 NFT 创造的基本流程前，先讨论一下这些问题。

1. 创建 NFT 前的思想准备

在真正进入 NFT 市场，创建第一个 NFT 交易账户前，或许有些思想准备你需要提前做好。“市场有风险，入市需谨慎”，因此在入场前谨慎一些、多了解一些规则总是正确的。

释义 2.1 汽油费

人们在区块链上进行交易或者其他活动（例如将交易信息上链、调用智能合约等）时需要支付费用。NFT 的创建到交易都需要借助智能合约，而使用智能合约所产生的手续费被称为“汽油费”（gas fee）。一种关于汽油费来源的说法是，这笔费用是用来支付给区块链活动所消耗的自然资源的，因此其被称为“汽油费”。汽油费往往是通过代币支付的。

那么，创建 NFT 前的第一个思想准备是：你是否准备好了汽油费？

从创建 NFT 并将其上链到交易 NFT 都需要支付不同额度的汽油费，并且不同 NFT、不同操作所需支付的汽油费额度也不同。换句话说，即使只是创建一个 NFT 并把它部署到相应的区块链上，用户也需要先支付相应的汽油费（大概为 10 ～ 30 美元）。这意味着，用户可能需要为一个根本没有人购买的 NFT 先支付一笔不菲的“启动资金”，并且很可能得到“出师未捷身先死”的结果。即使很幸运，有人愿意购买这个 NFT，此时还存在另一个风险——NFT 的交易不一定会百分百成功。当一笔交易失败时，用户会发现他为这次交易支付的汽油费并没有随着交易失败的信息一起被退回。换个角度说，支付汽油费并不意味着交易百分百成功，这是令大部分用户接受不了的。

汽油费的设定可谓是人们进入 NFT 市场过程中最大的拦路虎。但幸好，各大 NFT 交易平台一直在竭尽全力地阻止这只拦路虎把人们吓退。例如，2.1.2 节将提到的两个知名 NFT 交易平台 OpenSea 和 Rarible 都可以让用户在创建 NFT 时无须先支付任何的“启动资金”。听起来，或许和前面的内容矛盾了，但实际上并没有。这笔启动资金并没有“消失”，而是“延后”了，这要归功于这两个平台的“懒惰造币”系统。具体来说，用户在这两个平台创建“NFT”时，这些刚被创建的“NFT”只被保存在交易平台的服务器上，并没有被真正保存在区块链上，甚至在这些“NFT”被买家相中、真正被交易前，它们都不会上链。也就是说，在具体交易前，用户创建的“NFT”只是徒有其表，并不是真正意义上的 NFT。直到用户进行交易时，NFT 的创建费用和交易费用才会捆绑在一起被支付。这时，NFT 才被完整地创建。这种汽油费延后支付的方法有效地避免了“出师未捷身先死”的悲剧发生。

当然，用户使用 NFT 交易平台也是有一定成本的。对于 OpenSea，用户在创建第一个 NFT 并出售它前需要对账户进行初始化。这可能是一笔昂贵的费用（大概为 300 ～ 400 美元）。Rarible 或许没有在账户初始化这一步难为用户，但是当用户试图在 Rarible 上移除他们正在出售的 NFT 时需要向平台支付一定的费用（大概为 20 ～ 30 美元）。此外，Rarible 和 OpenSea 都会从用户的任何交易额中抽取 2.5% 的费用作为佣金。总之，虽然平台在很大程度上帮助用户消除了汽油费的烦恼，但“天下没有免费的午餐”。

创建 NFT 前的第二个思想准备是：NFT 交易伴随着巨大的能量消耗，这对环境是极其不利的。

正如第 1 章对 NFT 发展的介绍中提到的，知名 NFT 交易平台大多在以太坊上运行。以太坊和其他区块链一样，目前都是使用能源密集型的“工作证明”系统。也就是说，以太坊的运行需要大量的能源付出。这些能源都被用于求解没有实际意义的谜题，这是很多人不能接受的。虽然没有 NFT，区块链也依旧存在，但不可否认，NFT 的创建、交易都是建立在一个“环境杀手”平台上的。

当然，有一些区块链使用替代系统，可以不消耗那么多能源，但它们并没有成为 NFT 交易平台所依附的主流区块链。此外，以太坊有在未来的某个时间点转向更有效的股权证明系统的计划。但不论如何，现在以太坊还是一个“能源巨兽”。这是人们在进入 NFT 市场前需要认识到的。

如果你做好了这些思想准备，那么恭喜，你算是握住了 NFT 市场大门的把手，下一步就正式推开它吧。

2. NFT 创建的标准流程

虽然在各个 NFT 交易平台上创建 NFT 的流程细节各不相同，但它们都遵循一个最基本的流程，即创建一个存储虚拟货币的钱包，将钱包与交易平台连接，创建 NFT，将 NFT 在平台上展示并售卖，如图 2.1 所示。

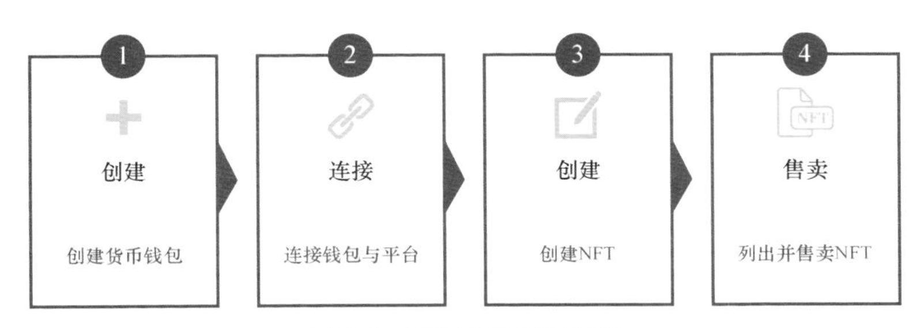

图 2.1 NFT 基本创建流程

基本创建流程看似简单实则暗藏玄机。各个 NFT 交易平台支持的钱包种类不尽相同。选择不同的钱包意味着选择不同的 NFT 交易渠道，这会影响到汽油费额度、潜在买家规模等诸多方面。随后将具体介绍不同钱包的区别。至于 NFT 交易平台的选择，对于初入 NFT 市场的人，选择受众最多的平台是相对安全的。因此，NFT 交易平台的选择相比钱包的选择并没有这么急迫，这里就不展开介绍了（2.1.3 节会详细介绍不同 NFT 交易平台的异同）。当创建完钱包并且将钱包与一个 NFT 交易平台连接之后，创建 NFT 和列出 NFT 就没有太多需要思考的了，照着规则做就好（2.1.2 节有详细图文介绍）。

当然，使用 NFT 交易平台不是交易 NFT 的唯一办法。自己创建智能合约，自己将 NFT 上链、交易也是可以的。这部分内容在本节的最后会简单提及。但对 NFT 新人来说，这绝对是不明智的。不论如何，先看看钱包种类都有哪些吧，这是进入 NFT 市场的第一步。

3. 钱包的选择

钱包是人们进入 NFT 世界的接口。它可以帮助人们管理自己的 NFT，使 NFT 交易变得更简单、快捷。一个好的钱包可以让用户轻松浏览自己的 NFT 资产，并且它应该包含不同的 NFT 交易链，同时它也应该被大部分 NFT 市场支持。

释义 2.2　钱包

与现实世界的钱包类似，这里的“钱包”是指用来展示用户所拥有的代币和 NFT 的应用。由于 NFT 的一切操作都需要区块链的支持，因此在这些操作过程中往往会支付或者获得一定量的代币。一个合适的钱包会大大降低这些操作的难度，令人们尽情享受 NFT 的快乐。

MetaMask 就是一个很好的例子，它是目前得到 NFT 市场广泛支持的钱包。若要使用它，只需要安装浏览器扩展应用插件（如 Chrome 和 Firefox 的扩展应用插件）或者手机应用（安卓和 iOS 都支持），跟着引导完成钱包创建即可。

除了 MetaMask，还有很多不同种类的钱包。它们的创建过程大同小异，不论选择哪种钱包，“保管好密码”都是最重要的。因为钱包与其他账户不同：一旦丢失密码和“种子短语”，没有任何方法可以帮助用户找回钱包。也就是说，钱包没有类似“找回密码”的功能！虽然创建过程大同小异，但是不同钱包具有不同的兼容性、用户界面设计、支持区块链的数量、访问钱包的设备要求和安全保障能力等。下面介绍 7 款适合新手的钱包。

- MetaMask：用它在移动设备和浏览器扩展程序之间设置和同步事务很简单。它提供了一个内嵌浏览器，用于研究 DeFi 应用和 NFT。作为著名的多用途 NFT 钱包，MetaMask 具有全面的功能，是被 NFT 市场广泛支持的钱包。在密钥库和安全登录的帮助下，它可以保护用户的令牌，也就是说，它的安全性是十分有保障的。总而言之，用户不确定要用哪款钱包时，MetaMask 是不错的选择。
- Coinbase：它支持绝大多数知名的加密货币。Coinbase 具有用户友好的界面，是适合新手的选择，并且它支持以太坊之外的其他区块链。
- Enjin：它使从游戏中获取 NFT 成为可能。它为用户提供了十分理想的 NFT 收集页面。此外，它还具有自己的数字藏品交易市场，但是这个市场只支持通过其自有技术进行数字藏品的交易。Enjin 钱包可以连接到其他钱包，还可以在其他知名的 NFT 交易平台使用。它还有一个 QR 功能，使用户能够通过扫描 QR 码来转移和认领 NFT。
- AlphaWallet：它是一个基于以太坊的开源区块链钱包，提供发送和接收 NFT 的能力。它是第一个也是唯一一个完全开源的自托管钱包。它是由 Web 3.0 开发者创建的，社区成员会共同开发它，以确保用户的资金始终安全。但开源是它的一大问题，当没有足够的人加入开发时，它的安全性会受到挑战。但它也有自身的优势，即无须安装任何软件或备份私钥也可导入旧钱包。
- Zengo：它是第一个具有生物识别安全性且没有私钥漏洞的钱包。它使用尖端技术来保护用户的数字资产免受黑客的侵害。用户无须通过密码来使用它，因为这个钱包是通过面部识别、无密钥加密手段来保护用户资产安全的。它的缺点在于没有桌面端版本，只有移动端版本。此外，它还会收取额外的钱包运营商费用。
- Trust Wallet：币安是著名的移动钱包 Trust Wallet 的所有者。与其他钱包类似，Trust Wallet 有一个 dApp（decentralized

application，去中心化应用）浏览器来定位 NFT 市场，使直接从钱包购买 NFT 变得十分简单。此外，它还可以满足在不同区块链上购买 NFT 的需求。

- Math Wallet：它支持多达 70 种的不同的交易媒介，这是它的特点。它与其他钱包一样，具有兼容移动端和桌面端、内嵌用于 NFT 交易的浏览器和安全可靠等诸多优点。

图 2.2 展示了 7 种钱包的特点，大部分钱包都兼容移动端和桌面端并且内嵌各自的浏览器以便于 NFT 交易。此外，它们各具特点，例如 Coinbase 支持除以太坊外的其他区块链；Enjin 对游戏类 NFT 十分友好；AlphaWallet 是唯一开源的钱包；Zengo 支持面部识别等生物信息识别；Trust Wallet 具有完善的功能；MathWallet 支持多达 70 种的不同的交易媒介。但不论怎样，目前市场上最受欢迎的还是 MetaMask，它经过了市场长时间的考验。

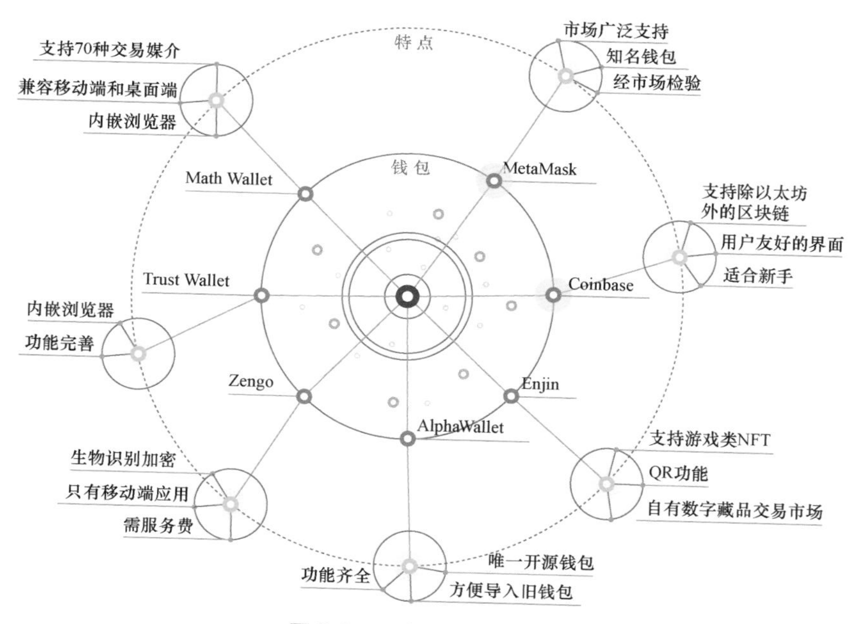

图 2.2　7 种钱包特点总结

4．不同的创建方法

前文提到，NFT 的创建不一定需要使用 NFT 交易平台，也可以通过自己编写智能合约并将 NFT 上链、交易。这就好比代码的运行不一定要用集成开发环境一样。总是会有技术达人用记事本（也可以是任何一款文本编辑器）写代码，并且自己设计编译程序将代码变成机器指令，最后让计算机运行指令。为了继承这种“探索”精神，下面的内容将简述如何不依赖 NFT 交易平台，自己在以太坊上创建一个 NFT。

自己在以太坊上创建 NFT 的基本流程可以分为 4 步：获取作品的保存地址（数字物品的网络地址或者实体物品的真实地址），创建智能合约，部署智能合约到链上，铸造 NFT（调用智能合约）。具体来说，第一步中对数字物品的保存方法有很多，既可以将其保存到某个正在运行的网络平台上，如云存储空间；也可以将其保存在分布式文件系统上，如 IPFS。总之，这一步只要找到可以保存作品的位置并获取相应的位置信息即可。到了第二步，可以选择一些开源的智能合约开发应用来完成智能合约的创建，例如使用 Remix（一个开源 Web 应用，允许用户开发、编译和部署智能合约）就是一个很好的选择。确定开发应用之后，找到一个已有的 NFT 脚本代码并对其进行修改以符合自己的需求即可，至此第二步大功告成。至于第三步，只需要把写好的脚本部署到区块链上就可以了（这一步可以借助钱包实现，也可以借助其他方法）。最后一步，创建一笔以太坊交易，然后在这笔交易中调用刚刚部署的智能合约并确认创建 NFT 的各种参数（最重要的是所有者的钱包地址和第一步获取到的数字物品地址），最后成功将交易信息上链，完成这笔交易。当这些步骤都完成时，一个 NFT 便创建成功了。注意，第三步和第四步需要向以太坊支付不少汽油费，因此准备好足够的启动资金是十分必要的。

最后，简单聊一聊关于数字化作品设计的问题。数字化作品设计（如 PFP 头像设计）可以通过编写代码来实现，但这个设计过程缺少直观的艺术体验。数字化作品设计也可以借助可视化的数字化设计软件来实现，这种软件往往都内嵌于 NFT 交易平台，也有独立的设计平台，如 Art

Blocks 等。数字化作品设计还可以借助 AI 算法，也可以先完成传统的艺术品设计，然后将艺术品变成数字化的作品。总之，数字化作品的设计方法有很多，内容也十分丰富，第 3 章会详细介绍这部分内容。

介绍完 NFT 创建的基本流程后，2.1.2 节将会通过图文的方式详细展示在两个主流平台（OpenSea 和 Rarible）上创建 NFT 的具体流程。那么正式进入实操环节吧！

2.1.2 主流平台 NFT 创建流程示范

下面从创建一个 MetaMask 钱包开始，展示如何在 OpenSea 和 Rarible 上创建第一个 NFT。

1. MetaMask 钱包的创建

MetaMask 钱包的创建流程可以分成 4 步：下载并安装 MetaMask 应用（这里使用 Chrome 的扩展应用插件），在应用上创建新钱包并设置钱包密码，妥善保存助记词，完成创建。具体流程如图 2.3 所示。

图 2.3 MetaMask 钱包创建流程

下面具体讲解上述 4 步的流程细节。

（1）进入 MetaMask 官网下载页面，下载 MetaMask 钱包的浏览器扩展应用插件。下载完成后会自动安装插件，然后跳转到欢迎页面。点击“开始使用”按钮并同意相应服务条款后会正式进入钱包创建页面，然后点击“创建钱包”按钮开始钱包的创建。

（2）进入钱包创建页面后，先要设置自己的钱包密码。这个密码用

于登录钱包，也用于在不同设备上加载已有的钱包。值得注意的是，这个密码要妥善保存，MetaMask 并不提供类似“找回密码”的服务，一旦密码丢失钱包也将永久丢失。完成密码设置后会自动跳转到关于助记词的页面。

（3）图 2.3 中文本框里罗列的英文单词就是所谓的助记词。这些助记词又称为“种子短语”，被用于在不同设备上恢复已有的账户。换句话说，这些助记词的作用类似于“密保问题”。助记词与密码一样，丢失之后无法找回。所以用户要将助记词妥善保管在自己的设备中或者抄写在笔记本上。此外，值得注意的是，不仅要记住助记词的内容，还要记住助记词的顺序。再次强调，请不要丢失密码和助记词。

（4）如果上述步骤都顺利完成，那么恭喜你，MetaMask 钱包已经创建完成，当然此时钱包还是空的。完成创建页面如图 2.3 最右侧所示。

2. 使用 OpenSea 创建第一个 NFT

完成钱包创建后，下面使用 OpenSea 创建第一个 NFT 吧！

使用 OpenSea 创建一个 NFT 十分简单，只需要 3 步：连接钱包，创建 NFT，将 NFT 列出并且售卖。具体流程如图 2.4 所示。得益于“懒惰造币”系统，用户在完成上述步骤时并不需要支付相应的汽油费。

（1）进入 OpenSea 官网，点击网页右上角的钱包图标，选择 MetaMask 钱包，完成钱包与平台的连接。图 2.4 ①中就是连接钱包与平台的具体页面展示。

（2）钱包成功连接后会跳转到图 2.4 ②所示的 NFT 创建页面（若没有跳转，点击钱包图标左边的用户图标，在下拉菜单中可以找到“创建”选项）。在创建过程中，先要将数字作品（可以是图片、视频、音频或者 3D 模型）上传到页面上，然后为这个 NFT 作品取一个名字。第（1）步和第（2）步是必须完成的步骤。除此之外，在 OpenSea 创建页面还可以上传额外链接，用于帮助买家获取这件作品更详细的信息，这是一个可选步骤。当然还可以为这件作品写一些文字描述，这也是可选步骤。最后，还有一些其他可选步骤，例如规定 NFT 铸造数量、选择要发布的链（这需要是钱包支持的链，默认为以太坊）等。完成这些步骤之后，点击“创建”按钮，OpenSea 会使用“懒惰造币”为用户创建一个未上链的 NFT 展示样本。

（3）完成创建后，平台会展示“创建完成”页面，关闭这个页面会自动跳转到“出售”页面。点击“出售”按钮，进入“出售详情”页面，也就是图 2.4 ③展示的页面。在该页面中，最重要的是设定出售价格以及展示时间（默认为一个月）。完成设定后点击“完成并展示”按钮，这个 NFT 则会被正式向平台买家展示。至此，在 OpenSea 平台创建 NFT 的流程全部完成。

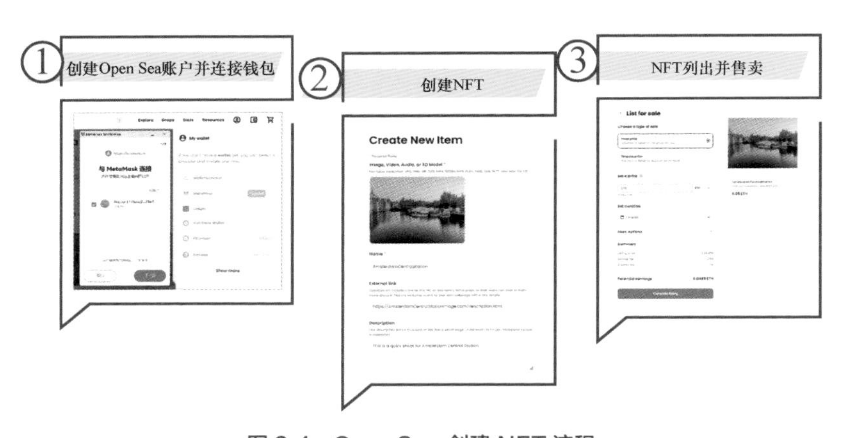

图 2.4　OpenSea 创建 NFT 流程

之后，当有买家要购买这个 NFT 时，这个 NFT 才会被 OpenSea 正式上链。每个账户第一次完成 NFT 交易时要对账户进行初始化，此时要将之前没有支付的汽油费一并支付（400 ～ 500 美元）。初始化完成的账户往后的 NFT 交易将不需要再次进行账户的初始化，只需要在每次 NFT 交易时支付当前交易的汽油费即可。

3. 使用 Rarible 创建第一个 NFT

使用 Rarible 创建 NFT 的流程与使用 OpenSea 创建 NFT 的流程

十分相似，下面具体介绍。

与 OpenSea 一样，进入 Rarible 官网后，第一步是将钱包与平台连接。完成连接后，Rarible 官网会弹出一个注册用户界面，在这个界面输入用户名和邮箱地址后即可完成账户注册。

在官网页面的图标中点击“创建”图标，并在出现的下拉菜单中点击“NFT”，即可进入 NFT 创建页面。与在 OpenSea 平台上创建 NFT 相似，这一步需要选择打算使用的链。之后，Rarible 会问一个问题：你想创建一个单一版本的 NFT 还是一个多版本的 NFT？换句话说，是想创建一个独一无二的 NFT，还是一个限量版但可以被多人购买的 NFT（这一步等同于在 OpenSea 上设置铸造数量）。选择好后，将会自动进入 NFT 创建详细页面。在这个页面中，需要完成上传 NFT 作品、为 NFT 取名、设定价格、设定展示时长等步骤。

此外，Rarible 将是否使用“懒惰造币”交由用户决定，如图 2.5 所示，选择“ERC-721”，用户将在这个过程结束时支付相应汽油费（约 120 美元）；选择“RARI”，用户将不用在此时支付汽油费。

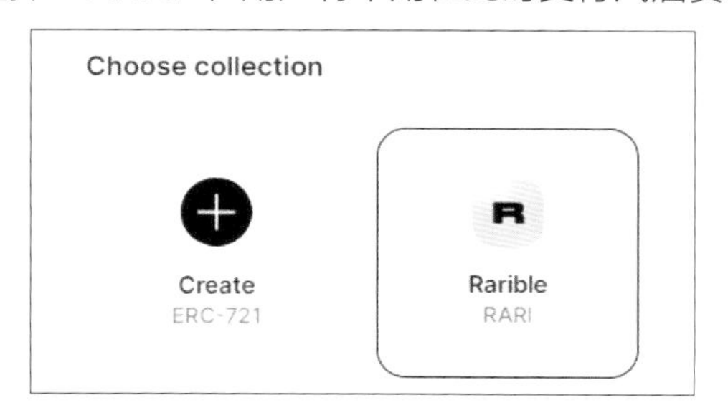

图 2.5　在 Rarible 上选择是否使用“懒惰造币”系统

最后，用户可以选择使用费百分比，这将决定未来每次交易中多少使用费会返还给初始创建者。例如，有人以价格 a 购买你的 NFT，然后在未来以价格 b 出售，你也将获得该销售的一部分，默认情况下，它是 $10\% \times b$。与 OpenSea 类似，Rarible 允许用户为 NFT 添加一些其他属性，例如这个 NFT 的描述文本等，但这些不是必需的。完成这些流程后，NFT 会被创建并被列出。至此，NFT 创建流程完成。

2.1.3 NFT 交易平台特点

除了 OpenSea 和 Rarible，还有很多各式各样的 NFT 交易平台。本节将简要介绍 7 个 NFT 交易平台的特点，使你对 NFT 交易平台有更多的了解。

1. OpenSea

OpenSea 是目前最大的 NFT 交易平台，覆盖了数字艺术品、加密收藏品、游戏物品、虚拟土地、域名等各种细分领域。它是一个点对点平台，它拥有非常完善的 NFT 创建流程。超过 150 万个账户在该平台上进行交易，这使其一直保持着 NFT 市场的主导地位。但是，OpenSea 并不是很注重用户的体验，对用户的各种反馈响应很慢。此外，由于 OpenSea 作为最大的 NFT 交易平台一直被大部分圈内人士关注，因此它也频频被曝出各种问题。总而言之，在圈内人士眼中，它是一个褒贬参半的“老大哥”。

2. Rarible

Rarible 平台于 2020 年创办，主要团队成员在莫斯科。它是第一个发行专属平台币 RARI 币的平台，它是一个让用户参与发展决策的 NFT 交易平台（采用 DAO 社区治理模式的 NFT 交易平台）。在 Rarible 上架的作品也可以在 OpenSea 集市中看到，这让 Rarible 的用户可以接触到更多其他用户，从而提升整体产能。

3. SuperRare

SuperRare 是一个由艺术家申请，平台审核通过后可上传 NFT 的平台。采用申请制是 SuperRare 与 OpenSea 和 Rarible 最大的不同，这提高了用户质量，但也提高了其使用门槛。SuperRare 十分重视艺术家自身作品的版权问题，十分尊重版权带给艺术家的有效收益。

4. MakersPlace

MakersPlace 平台极度看重作品的质量，因此会为艺术家或创作者

的每件作品制作区块链、指纹和数码签名，以证明作品的身份和来源。这也成了作品的一种独特象征，即使作品被复制，也不会有原始的签名版本。可以说，MakersPlace 极度重视艺术家或创作者的权利保护，这是它最大的特点。此外，MakersPlace 平台还引入了社交功能，创作者可通过浏览量、喜爱程度等数据进行热点分析。同时这个平台还提供钱包给创作者存放作品。

5. Async Art

Async Art 平台主打艺术、音乐和全新的可编程音频等作品。Async Art 平台支持创建作品，而不仅是上传作品。具体来说，这个平台上的图像作品不是单纯的静态图片，而是由模板和图层构成的，拥有者甚至可以随意改变不同图层以对作品进行二次创作。所以，作品会随着时间不断演变，这种独特的体验受到大家欢迎。

6. Zora

Zora 是一个采用邀请制的数码艺术平台。每一位新加入的艺术家有 3 个邀请名额，可以邀请其他好友或艺术家入驻。Zora 已经开放铸造功能，任何人都可以铸造 NFT 作品。2021 年 8 月，Zora 推出 CryptoPunks 拍卖行 Punk House，这是目前唯一的公开、不需要许可的 CryptoPunks 的链上拍卖场所。

7. Alpha Art

Alpha Art 是 Solana 区块链上第一个也是唯一一个，无论作品有没有上架都可以预先被所有人看到的平台。用户看中任何 NFT 作品，只需在页面点击“想要”按钮，就可提出邀约，并且该平台对作品的审核标准极高。

图 2.6 所示是对 7 个 NFT 交易平台特点的总结，OpenSea 与 Rarible 是目前主流的 NFT 交易平台，它们都有极大的市场体量，并且 Rarible 还是一个由用户参与管理的平台；SuperRare 和 Alpha Art 都是采用申请制的平台，并且 Alpha Art 对作品的审核要求很高；MakersPlace 以其作品

质量高而广受创作者欢迎；而 Async Art 以其“动态变化艺术类 NFT”和“可编程音频 NFT”两个卖点在众多平台中一枝独秀；Zora 是采用邀请制的平台，它是 CryptoPunks 的链上拍卖场所。

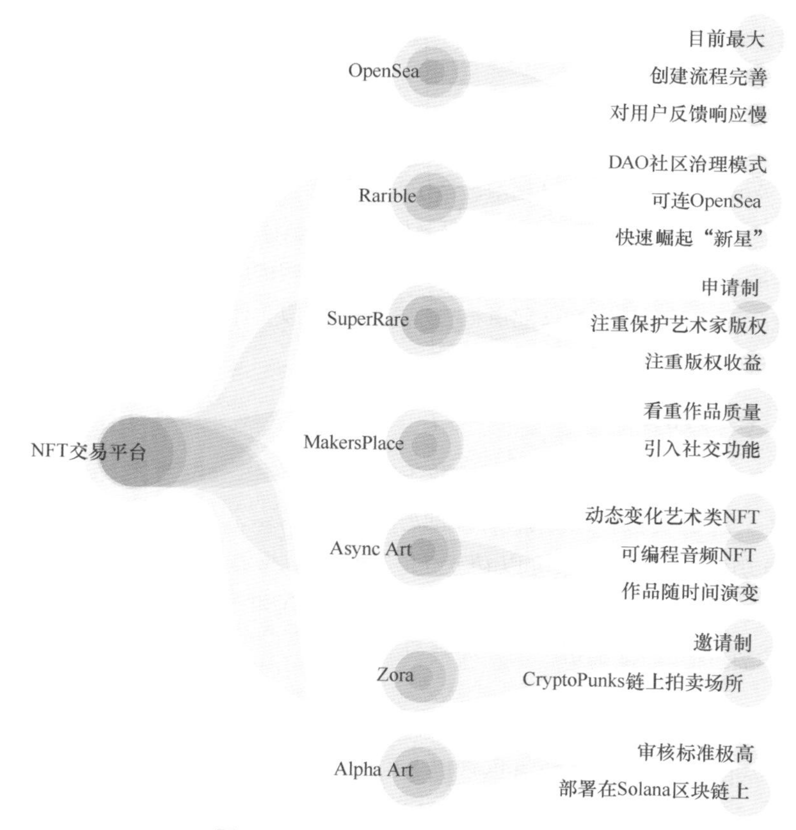

图 2.6　7 个 NFT 交易平台特点总结

总而言之，不同的平台有它们各自的特点，对于新人，相对大众化的交易平台是很好的选择，但对于资深玩家，根据不同平台特点综合使用是更合理的。

2.2 发布和获取 NFT

基本的 NFT 上链售卖流程已经在 2.1 节介绍过了，实际上“将 NFT 交由收藏者”只是创建 NFT 的最后一步。与所有艺术作品乃至集换式收藏物品相似，茁壮成长的收藏文化是 NFT 生机勃勃的秘密法宝。因此，本节将介绍一些发布和获取 NFT 的经验和技巧，以助你获取喜欢的 NFT。具体来说，本节将介绍一些 NFT 发布和获取过程中的术语，一些 NFT 的发布技巧，并从收藏者的角度探讨一下哪些 NFT 值得获取。

2.2.1 NFT 术语

NFT 术语指在 NFT 交易时被经常提及的专有词汇，如“地板价”“蓝筹”“巨鲸”等。本节提到的各种术语会在本节后续内容以及后续章节频繁出现。可见，了解这些术语对于 NFT 玩家、从业者以及对 NFT 行业感兴趣的人是十分必要的。下面介绍一些重要术语。

- 地板价（Floor Price）：它指一个 NFT 项目的最低价值。地板价反映一个 NFT 项目的真实价值。地板价高，代表这个 NFT 项目的关注度很高，未来发展走势也会较好。另外，平台上各种 NFT 项目地板价的变化也是反映 NFT 发展态势的重要指标。虽然在 2022 年，NFT 市场高开低走，但是重要 NFT 项目（蓝筹 NFT 项目）的地板价没有明显变化。
- 抄底：它指在 NFT 项目处于地板价时大量购入，等待其后续的爆发。
- 下架（Delist）：它指从交易平台上将 NFT 作品及时停售，不再展出。一些 NFT 作品很可能因关注度突然增加并迅速上涨，而失去价值，此时卖家往往会通过下架的方式保住 NFT 作品，等待一个更好的时机再让它们回归大众视野。

- 白名单（White List）：白名单中的用户是指可以在一个 NFT 项目发布前获得该项目 NFT 的人。目前，热门的 NFT 项目大都处于一经发布就“秒空”的情况，进入一个 NFT 项目的白名单可谓用户获得热门 NFT 最有效的方式。因此，很多用户通过对初创 NFT 项目持续投入财力、精力等方式进入项目的白名单，以获得可观的未来收益。
- 空投（Airdrop）：一些项目通过空投的方式向用户无条件直接发放 NFT 作品。目前空投被项目方广泛用来激励长期持有者，在国内大多用“转赠”来代替“空投”。
- 快照（Snapshot）：快照是与空投相关的术语，指确定空投的目标用户。例如，在世界标准时间 1 月 1 日下午 8 点拍摄快照时，所有在钱包中持有某一 NFT 的人都将在下周无条件获得一个 NFT 作品。
- 赋能：简而言之，它就是对一个 NFT 作品赋予更多属性。例如，持有某个 NFT 作品可以加入相应的俱乐部，从而在购买某些产品的时候享有折扣，以及获得某些实体物品等，其目的就在于提升该 NFT 作品的价值。
- 蓝筹（Blue Chips）项目：蓝筹原指具有最高价值的筹码。在 NFT 交易中，蓝筹项目指那些十分火爆、具有长期持有价值的优质 NFT，如 CryptoPunks。
- 路线图（Roadmap）：它专门指某个 NFT 项目为增加价值而进行的一系列活动的规划。路线图已经成为许多收藏者入手新项目之前必须考察的内容。一个 NFT 项目的路线图，在一定程度上决定了该项目的规划能力以及运营能力。
- 巨鲸（Whale）：它专门指持有大笔资金或者已经大量投资高价值 NFT 项目的买家。账户中持有 1000 枚 ETH 或拥有 200 个 Bored Apes 的人都被视为巨鲸。目前，NFT 市场主要由巨鲸们控制。但随着大批 NFT 爱好者入场，这一局面可能会发生改变。

- 错失恐惧症（Fear of Missing Out，FOMO）：它指害怕错失良机的恐惧心理，也可以指盲目跟风害怕错失良机的购买心理（这种心理是不提倡的）。
- Cope：它指后悔错过机会的心理。例如，没有在地板价的时候购入导致错过机会而产生的后悔心理就可以用 Cope 形容。再如，之前过度 FOMO 导致资金被套牢的心理，也可以用 Cope 形容。
- Apeing：它指没有对 NFT 项目进行充分调研就盲目投入超过自己承受能力的付出的行为。这种行为是万万不可取的。
- Rug：卷地毯（Rug Pull）的缩写，它指 NFT 项目方或者平台潜逃的行为。这是一种典型的退出骗局，通常发生在 DeFi 领域。例如，Frosties 项目创始人因 Rug 而被相关部门绳之以法。
- Degen：它指那些承担极高交易风险的投机主义者。

上述 NFT 术语不仅涉及 NFT 交易的基本常识，还涉及一些在 NFT 交易中可能发生的心理变化。NFT 交易是有风险的，由 NFT 交易产生各种极端心理不是个例，而是相对普遍的现象。

2.2.2　发布 NFT 的技巧

本节将介绍一些基本的 NFT 发布技巧。需要说明的是，NFT 市场是瞬息万变的，任何技巧都只是从过程中积累得到的经验，掌握这些技巧并不能保证你的作品成功被别人认可，但或许会提高成功的概率。下面将从创作者和普通收藏者两个角度分别介绍相应的发布 NFT 的技巧。

1. 如果你是一个创作者

作为一个艺术家或者个人创作者，如果想将自己的 NFT 作品呈现给更多人，是需要一些技巧的。知名艺术家或者有一定粉丝基础的个人创作者想将自己的 NFT 作品进行推广是一件比较简单的事情。首先，要做好自己作品的宣传，例如可以在自己的社交账号中宣传自己的作品。此外，还需要注重作品是否有持续创作计划，人们更喜欢那些可以持续更迭的作品，因为这些作品除了本身的价值还有较高的长期价值。除了在社交账户中宣传，还可以借助 NFT 交易平台宣传作品。有些 NFT 交易平台（如 SuperRare、Zora、Alpha Art 等）对作品的评审要求很高，如果作品通过这些平台的审核，可以从侧面证明作品具有很高的价值。

其次，在创建 NFT 时也有一定的技巧，例如在创建时最好创建多个 NFT 副本。多个 NFT 副本有助于增加作品被买家看到的概率，多个 NFT 副本也会降低所有 NFT 作品的持有成本。当然，这种创建多个 NFT 的方法在一定程度上牺牲了作品的稀有性。但实际上，大部分创作者的作品并没有知名到可以借助“稀有性”来增加其价值。

2. 如果你是一个普通收藏者

除了艺术家和个人创作者，更多的 NFT 发布者是普通收藏者。他们爱好 NFT 作品，也希望自己喜欢的作品被更多人看到。对于这类人，如何推广自己喜欢的 NFT 显得更加重要。首先要识别最佳的发布时机，这需要一些行情分析工具的帮助，如 NFT HUD、NFTNerds。通过行情分析工具，用户可以方便地查看某个 NFT 项目的实时发布量、成功交换数量和地板价等量化指标（往往需要关注这些指标的小时级别数据）。这些量化指标可以帮助人们分析出最佳发布时机。具体来说，最佳发布时机应该是成交量、发布量到达局部顶点，并且挂单数量达到局部低点时。因为成交量、发布量较高且挂单数量较低代表此时大家对该 NFT 项目的热情很高，相应地，该 NFT 的地板价也会到达局部高点。

最后要强调，即使自己创作的或自己喜欢的 NFT 作品没有成功被自己推广出去也不用灰心，毕竟“酒香不怕巷子深”。

2.2.3 获取 NFT 的技巧

与发布相似，NFT 的获取也需要一些技巧。但是与发布不一样的是，获取 NFT 的用户并没有身份的区分。换句话说，下面介绍的获取技巧适用于所有 NFT 爱好者。

获取一个 NFT 可以分成两步：确认目标 NFT 项目，然后等待时机入手。下面将按照这两步来分别介绍相应的技巧。

1. 什么 NFT 项目值得获取

值得获取的 NFT 项目必然是那些已经成功的蓝筹项目，抑或是被大众十分看好的明星项目。但问题在于，即使在预发布阶段，这些热门项目也是一“票”难求，更别说往后的公开发布和活动了。所以，这里将从更实用的角度去谈一谈作为 NFT 爱好者，如何发现一款有潜力的 NFT 系列作品。

首先，不同垂直领域的 NFT 作品的价值和潜力是有较大差异的。从数据角度来说，现如今，除了知名的头像类 NFT（例如那些发布较早的蓝筹项目）依旧保持价值上涨，后续类似的作品都逃不过快速贬值的命运。例如，大多数 CryptoPunks 的衍生品在发售 28 天后的关注度都仅是其发售时关注度的三分之一。这或许要归因于类似的项目太多，造成“劣币驱逐良币”的恶性竞争局面。另外，购买 3D 艺术类 NFT 要十分谨慎。虽然这类 NFT 往往在发售时要比普通 NFT 关注度略高（大约高出 2%），但它们热度下跌速度也很快，发售 28 天后的关注度往往只有发售时关注度的 77%，这或许是由于 3D 技术虽然可以在初期吸引注意力，但它不能维持热度。

值得关注的新兴 NFT 项目往往来自游戏、动画、音乐和体育领域。这些领域的 NFT 往往可以从发售开始便保持热度上涨的态势，并持续很长时间。究其原因，或许是稀有游戏道具、动画片段、歌曲、NBA 明星卡牌等都不依赖 NFT 市场，也就是说，它们本身的价值就较高。此外，经常关注艺术家动向，关注他们可能发布的数字艺术领域的 NFT 项目也是不错的选择。

除了关注某些特定领域的 NFT 项目，还可以根据一些经验来识别有价值的 NFT 项目。例如，关注那些巨鲸们的动态，经常浏览那些粉丝数很高的 NFT 老手的社交动态。此外，对于一个 NFT 项目，仔细阅读它的路线图并且探究其执行程度也是十分必要的。毕竟路线图及其执行程度可以反映 NFT 创作者对自己作品的态度。

当然除了这些经验，通过量化指标来探究一个 NFT 项目的潜力也是可行的。比较重要的量化指标有唯一持有人比例和社群活跃程度。唯一持有人指只持有该 NFT 项目的买家。这类持有者的比例越高代表该 NFT 项目社区的用户人数越多，并且用户普遍对项目抱有极大的兴趣。从数据来说，一个 NFT 项目的唯一持有人比例高于 30% 则代表这个项目的发展十分健康。此外，社群活跃程度也是反映 NFT 项目发展情况的重要指标。社群活跃程度可以通过 NFT 项目聊天群的活跃程度来推断。

总而言之，如果具有一双慧眼，能够准确找到那些具有价值的 NFT 项目，NFT 获取已经算是成功了 70%。

2. 获取 NFT 的时机

剩下那 30% 则依赖于买家对规律的解读。与发布相似，获取也要寻找最佳时机。最佳时机可以通过阅读成交量和挂单数量进行推测，但最佳时机很难从指标中直接准确判断。

话虽如此，但还是有一些关于最佳买入点的经验的。首先是普遍规律，大量 NFT 项目的发布规律表明，不论是预发布阶段还是公开发布阶段，发布一开始都会出现热度短暂下跌的情况，此时第一个局部最低点会很快出现（当然也不排除出现持续下跌或者持续上涨的情况）。此外，一个 NFT 项目每分钟的成交量也是衡量是否应该出手的重要指标。简单来说，如果每分钟成交量大于 20 的话，说明最近该项目很有收藏意义。所以，当每分钟成交量有持续上涨的趋势并且其数值接近 20 时，选择获取这个 NFT 项目或许是正确的。

总而言之，如图 2.7 所示，发布 NFT 时，创作者要注意对自己作品的宣传和迭代更新，并且可以在铸造时创建多个副本；普通收藏者借助行情分析工具寻找最佳发布时机更为重要。在获取 NFT 时，所有获取 NFT 的用户并没有身份的区别，但都要经过两个阶段，一是项目的选择，二是 NFT 的获取。在选择项目时，可以选择那些比较火爆的垂直领域的 NFT 项目，还可以通过唯一持有人比例和社群活跃程度来量化地选择项目。在获取方面，了解最佳时机是关键。

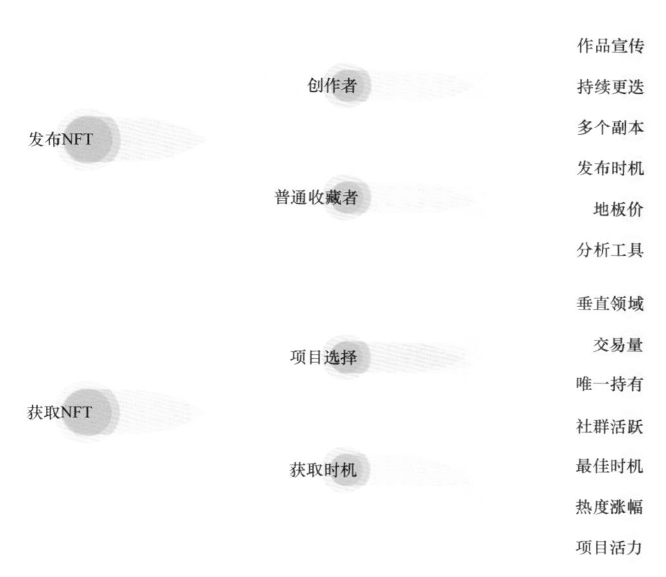

图 2.7 NFT 发布与获取技巧总结

2.3 NFT 社群

如果说好的设计是优质 NFT 项目最重要的“硬件”，那么一个活跃的社群就是优质 NFT 项目必不可少的“软件”。一方面，一个 NFT 项目需要借助优秀社群的宣传能力来让大众了解自己；另一方面，当买家评价一个 NFT 项目是否具有潜力时，社群活跃程度是一个重要的衡量指标。可见，对 NFT 来说，好的社群是十分重要的。

下面将介绍一个好的 NFT 社群是如何创建与维护的。此外，我们还将面向未来，探讨 DAO 和 NFT 可以擦出什么样的火花。

2.3.1 NFT 社群的创建与维护

虽然 NFT 是基于“去中心化”思想的新概念，但现在它依旧“游走”

在各中心化平台之间。具体来说，现如今的大部分 NFT 项目都是借助中心化社交平台来宣传自己的，例如在 Reddit（一个社交新闻网站）上宣传项目、在 OpenSea 上展示和售卖作品、在 Twitter（一个社交软件）上与大众交互、在 Discord（一款聊天软件）上运营社群。目前来看，在真正出现成熟的、适合 NFT 的 Web 3.0 社交产品之前，NFT 项目还将继续依赖 Web 2.0 平台来宣传自己。因此，下面将介绍大部分 NFT 项目用来运营社群的中心化平台 Discord。

1. 选择 Discord 的原因

Discord 是目前发展最快的社交软件之一，现在它拥有超过 3 亿的注册用户，月活跃用户更是高达 1.5 亿。Discord 创立之初是为游戏玩家提供语音服务的（类似于国内的 YY 语音），在经历了线上社交热潮、Web 3.0 和元宇宙概念兴起之后，Discord 渐渐转变为一个综合的线上社交应用。

众多 NFT 项目选择使用 Discord 建立社群的一个原因就是 Discord 能够较好地满足 NFT 社群运营的需求。首先，Discord 单个服务器（server）没有人数上限，支持大型社群的在线实时聊天。其次，Discord 还支持浏览全部历史信息，并有完善的信息搜索功能，这为用户了解社群和组织者管理社群带来极大的便利。在此基础上，Discord 还内置身份标识系统，组织者可以根据用户的活跃度、贡献程度来进行身份标识分类，以确定项目的白名单。最后也是最重要的，Discord 允许 NFT 组织者对一个服务器内的频道进行自定义设置。组织者可以设置不同的频道，如“官方信息发布”“交易信息发布”“聊天频道”等，还可以对不同频道设定不同的进入门槛和聊天规则。

不仅众多 NFT 项目选择了 Discord，Discord 在商业化的过程中也在积极拥抱 Web 3.0 及其相关内容。2022 年底，Discord 联合创始人兼 CEO 贾森 · 西特伦（Jason Citron）在社交网站上暗示 Discord 或许将集成加密钱包。虽然这引起了很多 Discord 用户的反对和抵制，并迫使 Jason Citron 出面澄清计划没有实施，但这一举动很好地表明了

Discord 对 Web 3.0 以及加密货币甚至是 NFT 的态度。

2. 在 Discord 上运营社群的方法

NFT 项目在 Discord 上的流量大多来自其他平台的引流和转化。具体来说，一个 NFT 项目成立初期都会建立自己的官方 Twitter 账号，并在 Reddit 上发布相关信息。NFT 项目的组织者会在 Twitter 账号以及 Reddit 上发布自己的白名单计划并附上 Discord 链接，这样可以将对其感兴趣的人们从公共社交平台邀请到私有的 NFT 社群中，完成流量从公域到私域的转移。另一个引流方式则是借助各 NFT 交易平台。具体来说，一个 NFT 项目会在自己的交易平台主页上展示项目在各个社交平台的联系方式。这样，那些对这个 NFT 项目感兴趣的人就会被邀请到项目的私有社群中。

完成流量从公域向私域的转移后，NFT 社群组织者会通过举办活动和进行相关话题讨论等方式维持社群的活跃程度、构建社群生态。在这个过程中，组织者通过白名单机制来对积极参与的用户进行奖励，以带动用户对活动和讨论的积极性。除了开展活动，自定义的频道设置也是 NFT 项目组织者维持社群活跃度、提高参与者黏性的工具之一。例如，组织者会以社群为 NFT 项目发布官方公告、诈骗报告的首要阵地，这使人们要想获得最新消息就要常常关注社群。此外，组织者还会借助各种热点话题来维持社群热度，例如 Bored Ape 设有专门分享萌宠图片的频道、Cool Cats 设有专门讨论“糖豆人游戏”的频道。

简单来说，如图 2.8 所示，Discord 之所以成为众多 NFT 项目的社群运营平台是因为它活跃用户很多；它还很好地满足了运营 NFT 社群的各种需求，并且积极支持 Web 3.0 等新技术的发展。从运营来说，众多 NFT 社群能利用 Discord 的特点，实现从公共平台向 Discord 引流以及社群活跃度的维持。在引流的过程中，众多 NFT 项目也帮助 Discord 进行了有效的宣传。所以，不仅 NFT 社群借助 Discord 茁壮发展，Discord 也借助 NFT 成功将自己的品牌文化传播了出去。

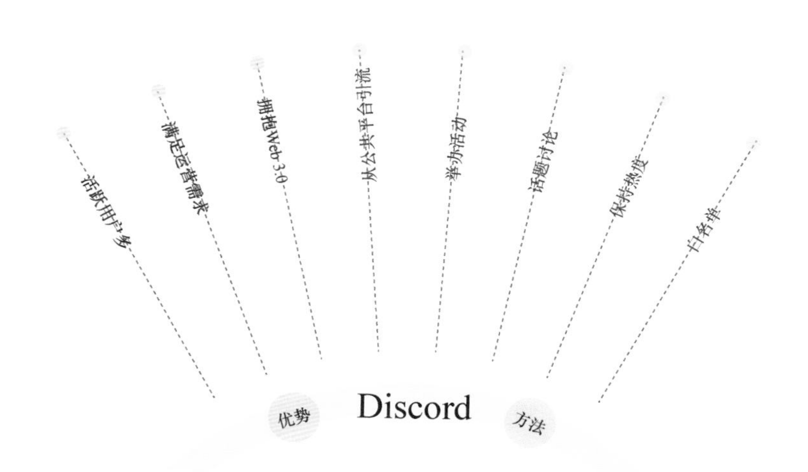

图 2.8 Discord 上运营 NFT 社群的优势与方法

总而言之，社群是连接项目组织者和用户最有效的工具，而 Discord 是运营社群最有效的工具之一。此外，Discord 是一个极具社交属性的工具，NFT 社群可以借助 Discord 成功运营也说明了这一点。

2.3.2 DAO 与 NFT 社群

正如 2.3.1 节提到的，NFT 社群的运营目前还依赖中心化平台，因为 Web 3.0 还无法满足 NFT 社群的需求。不过，近年来已经逐渐涌现出一些 Web 3.0 社交产品，其中不乏对标 Discord 的产品，如 Mojor。

除了这种 Web 3.0 社交产品，借助 DAO 来运营 NFT 社群也是一个不错的想法。实际上，这个想法并不是空穴来风，已经有一些 NFT 交易平台尝试通过发行自己的数字藏品作为激励，让用户参与平台建设，例如前面提到的 Rarible。问题在于，有别于 NFT 交易平台，目前 NFT 项目组织者都借助 Discord 来运营自己的社群，但 Discord 目前并不支持集成加密钱包，因此发行自己的代币来实现用户参与管理的想法很难实现。

或许随着 Web 3.0 的继续发展，借助 DAO 来实现 NFT 社群的运营会被实现。但目前，对于各 NFT 项目，中心化管理依旧是最合适的方式。

第 3 章

NFT 与数字艺术

艺术是人类共同的财富，但它的成果往往被少数人所占有。为了改变这种现状，除了完善交易制度，更需要创新技术模式。将区块链技术和艺术有机结合的 NFT 正在为我们带来一场艺术领域的巨大变革，推动着艺术大众化的发展。

近年来，越来越多的人开始尝试投身于艺术品收藏。但是，传统艺术品收藏门槛过高等问题给大众参与艺术活动带来了极大的困难。区块链的诞生解决了一个难题，就是基于等价交换的信用问题。由于区块链具有数据存储去中心化、信息公开透明且不可篡改、数据成本低等优势和特征，因此将其应用于艺术品交易的产业链中变得可行。

区块链技术为艺术品在虚拟世界创造了“第二生命”。艺术品的数据内容通过链上映射，形成具备资产属性的独特数字藏品。NFT 成为数据内容的资产性实体，实现了数据内容的价值流转，从而让更多的人参与成果的分享。艺术品的出处、重要细节、运输过程以及交易历史等信息一旦经过数字化，存储进由区块链技术打造的交易系统内，就绝无破坏或伪造的可能。艺术品防伪和防欺诈技术的加强在以机器信任为主导的市场内能够让所有人都从中受益。区块链上的数据内容可以被全世界据点用户、集合管理系统和编目数据库看到并使用，每个用户都是交易的见证者。区块链保证了整个系统信息的高度透明，这必将激发市场展现前所未有的活力。公平的市场将会吸引更多的艺术家、收藏者、资本家、交易商以及各大艺术机构前来进驻。

NFT 的兴起，更好地推动了艺术数字化的进程，并引起了主流社会前所未有的关注。NFT 热潮将持续，NFT 将成为改变链上链下世界构想和价值交换的全新方式。2020 年，NFT 交易的总价值增长了 3 倍，达到 2.5 亿美元。预计未来 10 年，全球前 100 名顶级艺术家的艺术品，将有 50% 会完成 NFT 化。艺术品 NFT 化翻开了艺术数字化的新篇章。

本章将介绍数字艺术及相关概念的历史，并把视角放在 AI 技术和数字艺术的结合上。在明确了 AI 技术对数字艺术的帮助后，我们将解释数字化设计，尤其是设计 NFT 的方式。最终，我们将把目光放在未来，去探索 NFT 为艺术带来的不同可能。

3.1 数字艺术

数字艺术是利用计算机等电子设备创作的艺术作品。数字艺术在广告、出版和电影领域有着广泛的应用。具体来说，数字艺术是将专用软件与交互式设备（如数码相机、光学扫描仪、触控笔和平板电脑等）一起使用来进行图像创作的新兴方式。

数字艺术的发展史

从概念上讲，数字艺术的起源可以追溯到 20 世纪上半叶前卫艺术运动中出现的思想和意识形态。现代主义、未来主义、抽象主义等艺术运动响应了科技的快速发展。此外，前所未有的人员流动和思想交流为日益全球化的社会奠定了基础。尽管艺术家们早就对计算机非常感兴趣，但计算机作为艺术工具的巨大潜力直到 20 世纪 50 年代才开始被发掘[①]。

到了 20 世纪 80 年代中期，伴随着计算机的成本大幅下降和软件行业的进步，计算机的购买率和使用率不断升高。1991 年，万维网的引入

---

① PAUL C. Digital Art (World of Art)[M]. [S.l.]: Thames & Hudson, 2015.

进一步增加了个人计算机的可访问性。万维网允许用户在全球网络内相互连接和交换信息，黑客和游戏文化在这一时期也开始蓬勃发展。网络社区的形成标志着资源共享，对技术基础设施和工具的集体讨论越来越多，技术实现也变得更容易。

步入 21 世纪，计算机技术的发展让数字艺术有了更多的可能，如生成艺术。生成艺术的概念起源于奥地利画家赫伯特 · 弗兰克（Herbert Franke）使用光线随机创作的作品。随后，匈牙利艺术家薇拉 · 莫尔纳（Vera Molnar）将弗兰克的想法与编程结合在一起，使用编码来突破机器学习的界限。最终，德国计算机科学教授乔治 · 尼斯（Georg Nees）开创了生成艺术这一崭新的领域。

生成艺术是部分由人类艺术家创造，部分由 AI 创造的艺术。AI 将不同形状、图案和颜色排列成各种形式进行创作。AI 的优势在于它可以不断学习，只要从艺术家那里获得一组初始指令，AI 就可以无限地扩展想法。虽然现在 NFT 中生成的每个角色都有不同的特征，但是这些图像背后的基本思想不会变化，即 AI 与艺术家之间的互动。

创造生成艺术的计算机程序涉及 3 个关键要素。

- 算法：算法让程序能够生成画面。
- 独特性：尽管艺术家设定了参数，但程序被允许在框架内自由工作，创建全新的随机形式的具有独特性的数字艺术。
- 重复：由于程序对模式、几何和分形的依赖，其不可避免地存在重复。

使用计算机程序创建艺术作品会带来 3 个明显优势。

- 随机结果：在 NFT 铸造之前，程序和艺术家都不知道算法设计的最终结果是什么，这为开发者和收藏者增添了惊喜。
- 轻松：程序甚至可以为那些完全不懂艺术的人所使用，这意味着任何人都可以创造大量独特的图片。
- 速度：计算机极大地减少了重复劳动的时间。

接下来介绍两个数字艺术 NFT 平台：一个是利用生成艺术走红的 CryptoPunks；另一个则是发明了可编程艺术概念的 Async Art。两个平台对数字艺术的新理解让每一位互联网用户都能参与艺术创作。

1. CryptoPunks

纽约市移动软件公司 Larva Labs 的两名开发者于 2017 年发布了 CryptoPunks。他们模仿了 20 世纪 70 年代中期伦敦朋克场景、1984 年威廉 · 吉布森（William Gibson）的科幻小说《神经漫游者》、1982 年雷德利 · 斯科特（Ridley Scott）执导的科幻电影《银翼杀手》，以及受法国电子音乐二人组 Daft Punk 启发的赛博朋克运动。CryptoPunks 的 NFT 是 24×24 像素、8 位的风格独特图像。CryptoPunks 基本上分为 5 类：女人、男人、外星人、僵尸和猿类。它们的价值取决于特征和配件的稀有性和独特性。例如，外星人朋克一共只有 9 个；猿类朋克和僵尸朋克各有 24 个和 88 个，它们的价值也很高。CryptoPunks 的价值取决于它们拥有的独特特征和配件的数量，每个 CryptoPunks 最多能有 7 个特征和配件。例如，编号 8348 就是唯一一个拥有 7 个特征和配件的 NFT。图 3.1 展示了一些 CryptoPunks 平台上的交易记录。显然，那些具有稀少的特征和配件的头像能以更高的价格售出，例如图 3.1 右上角的两个头戴 VR 设备的头像有着更高的成交价格。

图 3.1　CryptoPunks 平台上的交易记录

ERC-721 是现在常用的 NFT 标准。但 CryptoPunks 实际上并不使用 ERC-721 标准。在 Wrapped CryptoPunks 出现之前，CryptoPunks 的交易仅限于该项目的官方网站。Wrapped CryptoPunks 将非标准的 NFT 转变为 ERC-721 代币，允许 CryptoPunks 与 OpenSea 和 Rarible 等

流行交易平台兼容。Wrapped CryptoPunks 释放了 CryptoPunks 的全部潜力，它们打破了 NFT 市场的纪录。到目前为止，创纪录的交易发生在 2022 年 2 月，当时云区块链基础设施初创公司 Chain 的 CEO 迪帕克 · 塔普利亚尔（Deepak Thapliyal）为 5822 号 CryptoPunks 支付了近 2400 万美元。

任何人都可以创建自己的 CryptoPunks 图像，如图 3.2 所示，创建

图 3.2　CryptoPunks 图像创建流程

时需要在 HashLips Art Engine 上进行编码，创建过程包括创建图像、下载安装包、运行安装、终端创建、查看图像、完成图像等 6 个步骤。

2. Async Art

Async Art 是一个制作动态可互动 NFT 的创作平台。这个平台发明了“可编程艺术”概念，即根据现实的事件、数据和收藏者社区而实时改变的艺术品。Async Art 最大的特点在于运用分层艺术。每个在平台上创作的艺术品都会被分成两部分：主控部分和图层部分。主控部分就是完整的加密艺术品，而图层部分则是构成图像的各部分。每部分都是单独标记的，这意味着一件艺术品的不同部分可以归不同的人所有。不仅如此，拥有图层意味着用户可以控制艺术品的一部分。用户可以更改颜色、不透明度、比例、旋转等属性，而主图像也会随时根据变动而更新。

上述两部分对应两种令牌类型。主控令牌用于证明整个艺术品的所有权，图层令牌决定最终图像的生成方式。这些令牌在以太坊上以智能合约的形式存在，因此令牌是能够防篡改的。分层艺术创造出了罕见的艺术品。它们可以随着时间的推移与所有者的爱好不断地变化，因此他们也被称为自治艺术品。不同图层也可以由代码定期更新，如果作品的价格下跌 50%，那么这件作品的颜色可能会自动变为红色。作品的视觉效果也可以根据时间而变化，例如同一作品在白天和晚上呈现出完全不同的效果。

2019 年末，美国加利福尼亚州的游戏开发者康兰 · 里奥斯（Conlan Rios）产生了自己创造艺术品的想法。她认为大部分的 NFT 都没有充分利用其数字媒介的特点，她希望能够建立一种观众与艺术家共同创作，双方分别占有一部分画作的创作形式，分层艺术的概念就此产生。Async Art 于 2020 年 1 月 1 日正式推出。迄今为止，Async Art 已经为许多加密艺术合作方提供支持，其中包括数百位艺术家。除了绘画作品，Async Art 还上线了音乐 NFT。2021 年 4 月，Async Music 功能正式推出。音乐家能够使用 Async Music 将自己的歌曲化为主作品或各图层。Async Music 中引入了空白唱片的概念，它能够记录音轨的实时状态，最终的成品音乐也会随时更新变化。Async Art 的收入主要来源于手续费。对于第一次售卖的 NFT，Async Art 会收取 10% 作为手续费。但对于再次出售的 NFT，Async Art 只会收取 1% 作为手续费，而 10% 会给予原作者。DappRadar 的报告显示，2022 年的 7 月 Async Art 上有 743 笔交易发生在 84 个不同的地址之间。Async Art 智能合约中的资产总值约为 45 836 美元。

总的来说，Async Art 是具有鲜明特点的 NFT 产品，例如“可以动态变化的 NFT 作品”“可以编程的音乐类 NFT 作品”，这些是它显著的优点，吸引了无数追逐新潮的买家。此外，Asyn Art 还具有用户申请相对容易、用户数量较多、设置了创作者创作激励等其他优点。但它也有一些缺点，例如交易量较小、没有移动端应用等。

3.2 AI 与数字艺术

AI 在生活的各个领域都发挥着越来越重要的作用。在商业领域，AI 正被用于自动化客户服务和财务分析任务，企业能够因此节省资金、提高效率；在医疗领域，AI 正被用于诊断疾病；在教育领域，AI 正被用于创造新的学习工具。AI 正在帮助我们变得更聪明、更健康、更有效率。

但 AI 能否彻底改变艺术？艺术是人类创造力的纯粹表现，是人类思想、情感和激情的精华。艺术使我们能够表达自己的独特性。AI 没有感觉或情绪，它从哪里获得灵感？

令人惊讶的事实是，多年来 AI 一直被用于艺术创作。最早的例子可以追溯到 20 世纪 70 年代末，由计算机生成的艺术品开始出现在画廊和博物馆。在接下来的几十年里，AI 的不断进步让它被用于创造更逼真的艺术品。AI 创造的最杰出的艺术品之一是由法国艺术家集体创作的画作《爱德蒙 · 德 · 贝拉米的肖像》。这幅画是由一个在 15 000 幅肖像的数据集上训练而成的生成对抗网络（Generative Adversarial Network，GAN）创作，效果非常逼真。

3.2.1 AI 艺术的发展

20 世纪 50 年代末，艺术家们就开始使用计算机创作作品了。例如，德国斯图加特大学马克斯 · 本塞实验室的一群工程师尝试用计算机创造图形；弗里德 · 纳克（Frieder Nake）、曼弗雷德 · 莫尔（Manfred Mohr）、薇拉·莫尔纳（Vera Molnar）等艺术家探索了使用大型计算机、绘图仪和算法创作视觉上有趣的艺术品。最初这些艺术家仅是为了测试实验室里的一些新设备，然而很快就成了一场艺术运动。

AI 艺术的起源则可以追溯到 1973 年。美国计算机科学家哈罗德 · 科恩（Harold Cohen）用他开发的一个名为 AARON 的程序创作了第一幅 AI 画作。AARON 是一个根据科恩的规则设定的生成艺术程序，其中一条最基本的规则为“画一条蓝线”。AARON 使用这条规则生成了由各种蓝线组成的画作。

2014 年，生成对抗网络的出现再一次推动了 AI 艺术的浪潮。生成对抗网络可用于生成逼真的图像，创作令人惊叹的艺术品。例如在 2018 年的一次拍卖会上，一幅名为“爱德蒙 · 德 · 贝拉米的肖像”的生成对抗网络创作的画作以 432 500 美元的价格售出。

谷歌于 2015 年发布的 DeepDream 使用卷积神经网络来发现和增强图像中的模式。DeepDream 的工作原理是先拍摄图像，然后通过神经网络进行传递，神经网络已经被训练且可以识别某些视觉特征，如形状或颜色；当图像通过神经网络时，程序会寻找模式来更改图像让特点更明显（这种模式随后会反复出现，特点会变得越来越明显）；最终形成一幅由计算机制造出来的夸张图像。尽管 DeepDream 是机器学习的一大进步，但它也有一些局限性。其中一个限制是它只能用于某些类型的图

像，例如具有大量细节和图案的图像；另外，它有时会产生难以理解的图像。

除了利用 AI 学习制作图像，AI 艺术的另一个发展方向是文本生成图像。文本生成图像的主要任务是根据一句描述性文本生成一张与文本内容相对应的图片。谷歌备受关注的一个新项目叫作 Parti，研究人员创建了 4 种模型，分别包括 3.5 亿、7.5 亿、30 亿和 200 亿个参数。

3.2.2　AI 艺术的构建

自 2010 年以来，来自世界各地的科学家使用不同的 AI 技术来训练 AI 进行艺术作品的构建和模仿。本节会简单介绍用于构建 AI 艺术的不同种类的 AI 技术。

1. 生成对抗网络

生成对抗网络是一类用于无监督学习的强大神经网络。它由伊恩 · 古德费洛（Ian Goodfellow）于 2014 年开发。生成对抗网络结构包含两部分：生成器和判别器。生成器的目的是生成与真实的画面尽可能相似的假图片，判别器的目的是判定给定的图片究竟是真实的图片还是生成器生成的假图片。二者目的相悖，在不断博弈的过程中相互提高，最终实现判别器判别能力足够可靠但仍无法区分给定样本是真实样本还是生成样本，即生成器能够生成“以假乱真”的样本。

具体来说，生成对抗网络以图像是否为真实的图片作为评定模型表现的损失函数，生成器不断尝试最大化损失函数，同时判别器不断尝试最小化损失函数。生成对抗网络通过生成器与判别器不断交替训练来提高两者的表现，最后获得能够创作出以假乱真的图片的生成器。所以，每轮生成对抗网络的训练过程可以分成以下两步。

（1）判别器以损失函数最小化为学习策略进行训练。换句话说，判别器会基于真实数据和生成器生成的假数据进行训练以检验它能否正确预测。

（2）生成器以损失函数最大化为学习策略进行训练。在判别器被生成器生成的假数据训练之后，我们可以得到它的预测并将结果用于生成器的训练。令生成器获得更好的结果以尝试欺骗判别器。

不过，生成对抗网络也有一些问题，最大的问题就是由于迭代训练，算法不能有效收敛（也就是算法表现极不稳定）。

2. 卷积神经网络

神经网络中有单独的节点构成了网络的各个层。单个层中节点的输入具有不同的权重，权重将改变参数对预测结果的影响。由于权重是在节点之间的连接上分配的，因此每个节点可能会受到多个权重的影响。神经网络获取输入层中的所有训练数据，通过隐藏层传递数据，根据每个节点的权重变换值，最后返回一个值。

卷积神经网络（Convolutional Neural Network，CNN）是一种特殊的多层神经网络。它用于处理具有网格状排列的数据然后提取重要特征。卷积神经网络相较普通神经网络的优势是不需要对图像进行大量预处理。卷积神经网络使用卷积来处理幕后的数学运算。卷积神经网络通过不同层的卷积核来将原始数据一层层地压缩，因此即使有大量的数据也可以实时微调。

卷积神经网络的结构是基于神经节点的结构，它们由称为节点的人工神经元层组成。这些节点是用来计算权重和返回激活映射的函数。层中的每个卷积核都由其权重值定义。当卷积神经网络在处理数据时，每个层都会返回激活地图。这些地图指出了数据集中的重要特征。

形象地说，卷积神经网络通过对原始图像的不断压缩，由细节到整体学习图像的特征。图像在上一层学习到的特征将传递到下一层，然后下一层将开始检测，特征识别和传递会不断循环，直到得出预测结果。卷积神经网络的最后一层是基于激活地图确定预测值的分类层。如果你将样本传递给卷积神经网络，分类层将告诉你图像中是否包含样本。

有多种卷积神经网络可供使用。例如，一维卷积神经网络允许节点朝着一个方向移动，常用于处理时间序列数据；二维卷积神经网络通常

用于对各种图像进行处理；而三维卷积神经网络更多的是在处理三维数据（如三维点云数据）时发挥作用。

3. 神经风格迁移

神经风格迁移（Neural Style Transfer，NST）是一种优化技术。它包含一个内容图像和一个风格参考图像。神经风格迁移将两个图像混合在一起，让输出的图像看起来更像内容图像，但使用类似风格参考图像的风格。神经风格迁移使用预先训练的卷积神经网络和附加的损失函数将风格从一幅图像转移到另一幅图像，最终合成输出新图像。神经风格迁移通过激活神经元来工作。神经元的工作是让输出图像和内容图像在内容上匹配，同时让输出图像和风格参考图像在纹理上匹配。

在输出模型时会出现的情况包括内容损失和风格损失。内容损失指的是基础图像的内容特征与生成图像的内容特征之间的距离。风格损失是生成图像的较低级别特征与基础图像的差异程度，度量包括颜色和纹理等。风格损失是从所有层获得的，而内容损失是从较高的层获得的。它深入最深层以确保样式图像和生成的图像之间存在可见的差异。如果内容损失大于风格损失，则图像将具有比样本更多的内容特征。如果风格损失大于内容损失，则图像风格将更具艺术性。

神经风格迁移在设计、内容生成和创意工具开发方面开辟了无限的可能性。这一技术被 Prisma、DreamScope、PicsArt 等许多流行的应用所使用。

3.2.3 AI 艺术案例

在了解了生成式 AI 相关的技术之后，下面将介绍一些著名的 AI 创造艺术的案例。

1.《算法博士的解剖学课》

伦勃朗（Rembrandt）26 岁时创作了他的第一部杰作《杜普解剖学课》，这幅画布油画展示了医学专业人员在医学尚处于萌芽阶段时研究人体的情况。2018 年，26 岁的班加罗尔的哈什特 · 阿格拉瓦尔（Harshit Agrawal）受到伦勃朗的启发创作了自己的作品。通过输入算法，AI 相应生成了身体的图片。他表示："当伦勃朗在他的艺术中讲述医学的科学力量时，我想谈谈 AI 的迷人世界。"2015 年，他在美国麻省理工学院学习时首次开始接触 AI。这一系列作品名为《算法博士的解剖学课》，在印度德里的艺术展上展出。

2.《下一个伦勃朗》

伦勃朗（1606 年 7 月 15 日—1669 年 10 月 4 日）被认为是世界上最伟大的画家之一。他代表了荷兰绘画的黄金时代。就像这位荷兰绘画大师自己的许多作品一样，《下一个伦勃朗》这幅油画的突然出现引发了轰动。难道这幅画真的是伦勃朗的自画像，因为机缘巧合在几百年之后才被重新发掘出来的吗?

事实上，这幅自画像不是伦勃朗自己画的，而是根据伦勃朗的作品数据分析最终生成的结果。如果伦勃朗愿意为自己画肖像，那么大概率会画成这个样子。作者希望通过这幅油画激励人们创新，发掘数据的潜力。但这算是一件艺术品吗？程序员可以被认为是艺术家吗？这种方法可以应用于音乐吗？艺术史学家加里·施瓦茨（Gary Schwartz）在评论时指出："虽然没有人会声称伦勃朗可以简化为一种算法，但这种技术提供的机会可以供艺术家们了解伦勃朗制作的绘画的想法。"

3.《太空歌剧院》

美国的杰森·艾伦（Jason Allen）使用 AI 创作了名为《太空歌剧院》的作品。在科罗拉多州博览会上，艾伦的作品在比赛中获得第一名的好成绩，却引起了不少争论。

艾伦使用了一个名为 Midjourney 的 AI 工具作画。Midjourney 是一种基于 Discord 的 AI 工具，是现在网络上众多 AI 图像生成器之一。即使图片本身是 AI 生成的，但是艾伦仍然花费了 80 小时来进行渲染，尤其是渲染穿着维多利亚风格礼服和太空头盔的女性形象。艾伦随后又对图像进行了 900 多次迭代，在 Photoshop 中进行了清理，还通过 Gigapixel AI 运行图像以提高分辨率，最终创造了这幅作品。

面对 AI 作品不应该参加绘画比赛的争议，艾伦表示自己没有违反任何规则。不过，他也同意 AI 生成的艺术应该作为一个单独的比赛项目，“不过总有人要迈出第一步。”

3.3 数字化设计

数字化设计是一个涵盖多个学科的术语，它表达的是人们在数字界面观看和交互的感觉和过程。数字化设计不仅需要考虑设计图形，还需要考虑用户体验、交互性和整体审美平衡等因素。一个 NFT 设计得好不好，能否吸引到潜在的购买用户，会直接影响 NFT 的寿命。有的 NFT 因为优美的设计而一炮走红；有的 NFT 最终却无人问津。本节会介绍数字化设计和工具、数字化设计 NFT 以及数据可视化和分析。

3.3.1 数字化设计和工具

数字化设计最基础的目的是设计用户在屏幕上看到的内容，包括可以与用户互动的元素。数字化设计师和平面设计师经常可以角色互换，但两个角色之间存在一些关键的区别。最主要的因素是这两个角色所面对的内容不同，平面设计师与数字或纸质媒体合作制作内容，数字化设计师只处理数字内容。常见的数字化设计通常包含以下几个方向。

- 网页设计：网页设计师专门从事网站或应用的视觉设计和布局，包括登录页面、PDF 或其他独立页面。这可能包括一些交互式元素，但网页设计师通常会为开发者创建一个静态模型文件，而不是一个交互式原型。
- 用户体验设计：UX（User Experience，用户体验）设计师特别关注数字产品的功能性和可用性。在产品设计过程中，UX 设计师在每个阶段都为用户提供支持，并定期进行用户测试，以确保他们设计的产品既方便用户使用，又能让用户感到愉快。他们的可交付成果包括线框图、原型和用户流。

- 用户界面设计：UI（User Interface，用户界面）设计师关注数字产品的外观和感觉，关注界面的视觉元素。他们经常与 UX 设计师密切合作，在 UX 设计师奠定的基础上，通过颜色、排版和形状，使数字界面栩栩如生。为了确保整个产品的一致性，UI 设计师还经常创建视觉样式指南和用户界面模式库。
- 产品设计：产品设计师的任务与 UX 设计师非常相似。然而，产品设计师不局限于用户体验，更多地关注业务和品牌，思考数字产品的工作方式、成本以及产品在公司环境中的更广泛范围。产品设计师通常需要回答 UX 设计师在用户测试阶段提出的问题。
- 交互设计：交互设计师关注用户和产品之间的交互以及这些交互的效果。交互设计旨在创造产品，使用户能够以最佳方式实现其目标。交互设计师经常使用声音或动画等来增强用户的数字体验。

下面介绍一些常见的数字化设计工具。

（1）TouchDesigner 是由加拿大的一家公司开发的商业多媒体特效交互软件。这款创意编程工具的主要目的是实现可实时交互的新媒体创作。TouchDesigner 和其他的编程工具不同，它提供了一个节点式的可视化编程环境。这种环境让用户无须输入烦琐的代码，只需点击就可以轻松创作。

许多艺术家和开发者使用 TouchDesigner 来组合音频、视频等艺术作品。由灯光艺术家克里斯托弗·鲍德尔（Christopher Bauder）领衔的柏林 WHITE void 公司的表演就是一个完美的例子。WHITE void 使用非常精确的 DMX（Digital Multiplex，数字多路复用）控制绞车将 LED 球驱动到固定的位置，同时使用 TouchDesigner 来确定激光灯应该指向的位置。

（2）Processing 是一款用于艺术领域的编程环境语言。Processing

可以运用编程来制作许多不可思议的艺术图形，例如用三角函数生成弧度来制作圆形，用算法将时间的变化转换成空间的变化，或是用傅里叶变换来制作更加复杂的图形。Processing 从一开始就被设计成对初学者来说尽可能简单的语言。它的灵感来自 Basic 和 Logo 等早期编程语言，但更侧重于创建视觉效果。

数千名视觉设计师、艺术家和建筑师使用 Processing 创作。此外，旧金山探索馆、纽约现代艺术博物馆、伦敦维多利亚和阿尔伯特博物馆、巴黎乔治 · 蓬皮杜国家艺术文化中心等也在使用 Processing 进行展览。Processing 常被用于创建舞蹈和音乐表演的投影舞台设计，生成音频和视频的图像，为海报、杂志和图书导出图像，以及在街头创造互动装置等。

（3）Adobe 是一家开发计算机软件和多媒体的技术公司。它旨在创造为设计师提供方便的应用，通过数字体验改变世界。Flash 曾是 Adobe 旗下一个用于播放媒体内容的平台，其相关产品 Flash Player 是一种用于在计算机上观看视频和其他多媒体内容的软件。Flash Player 是 Adobe 最著名的应用之一。它允许用户在浏览器上查看 Flash 创建的媒体内容。

Adobe 另一个极负盛名的应用是 Photoshop。Photoshop 允许用户创建和编辑多层光栅图像。这些覆盖层支持透明度更改、充当掩模或过滤器、改变底层图像、应用阴影等美术效果。世界上超过 90% 的创意人士都在使用 Photoshop。除了 Photoshop，Adobe 旗下还有包含 Adobe Acrobat 、Adobe XD 在内的多种数字化设计应用。

3.3.2　数字化设计 NFT

许多受欢迎的 NFT 都具有独特而迷人的设计。它们可以被用来展示、被当成令牌，甚至可以直接作为角色进行游戏。怎样才能设计一个好的 NFT 作品呢？以下是一些基础的设计流程。NFT 可以多种形式存在，包括但不限于图像、音频、视频，甚至可以是视听组合。设计 NFT 的第一步就是明确想要设计的 NFT 的形式是什么，是设计一个可爱的图像作为头像，还是制作一段数字化音乐文件用在自己的主页？

在确定了 NFT 的形式后，要做的就是确定 NFT 的风格，例如卡通或写真、肖像或人物、静态或动态等。除此之外还要考虑配色、背景、尺寸等许多具体的细节。如果无法确定 NFT 的风格，那么咨询一位专业的设计师也许是不错的选择。然而此时预算就成为主要的问题。任何项目的成本都取决于设计的复杂性和设计 NFT 的数量。

以 Fiverr 这个寻找自由职业服务的流行在线市场为例，它提供的 NFT 设计价格最低可达每件 10 美元。如果想要一整套具有不同属性的 NFT 则需要至少 100 美元。如果需要大约 10 000 个不同 NFT 的主题集合，那么价格可能会飙升至 1000 美元。寻找专业设计师的好处是只需要交钱即可享受服务。但如果决定自己设计，那也有许多方法可以选择。在网络上存在许多可以半 DIY（Do It Yourself，自己动手做）的美术素材网站，这些网站通常提供一系列不同的美术素材允许用户自行拼接和组合。这种半 DIY 的设计方式可以有效地减少设计 NFT 所花费的时间和精力，只不过半 DIY 的设计成品一般不允许进行商用。如果需要设计商用的 NFT，那么设计者大概不得不从头进行原创设计。此时可以观摩一些设计得较为完善的 NFT 作品，然后从网络上免费的美术素材库中找到自己喜欢的素材，最终使用 Photoshop 等数字化设计软件进行素材的整合。

下面是几个设计 NFT 的建议。

- 用视频来讲故事。视频是最流行的内容形式之一。互联网用户更喜欢动态变化的视频，而不是静态的文本。视频在 NFT 设计界也是一个流行的趋势。讲故事是建立人际关系的最强工具，可以帮助你在几秒钟内与许多人建立联系。利用视频讲故事的方法，NFT 的设计者可以打造非常成功的 NFT。例如，由加拿大艺术家“疯狗王东斯”（Mad Dog Jones）拍摄的被称为“复制人”的视频，这个 50 秒的视频讲述了一个微妙但有力的职场故事，该 NFT 最终以高达 414 万美元的价格售出。
- 使用流行文化主题。流行文化也是 NFT 最常见的主题之一。漫画、电视剧和电影是现代人生活的一部分。流行文化主题的 NFT 非常受欢迎。创建钢铁侠、哆啦 A 梦或奥特曼这样经典流行文化主题的 NFT，相比其他冷门主题的 NFT 显然更容易获得成功。

- 高质量的 NFT 设计。这是一个显而易见的观点。NFT 是用户身份的证明，这意味着用户期望用最好的符号来代表自己。为 NFT 作品吸引买家的一个可靠方法是提供高质量的设计。NFT 设计得越精细，它的需求就越大。这里的质量不仅是文件分辨率，而是思想、设计和实现的质量。色彩组合和艺术背后的理念会使其更具吸引力。
- 跟随热度。今天的话题会成为明天的流行文化。你可以创造一些与近期的热点事件相关且可以立即引起受众共鸣的东西让你的艺术独一无二。例如，Netflix 旗下的热门电视剧《鱿鱼游戏》。不仅激发了营销活动，也激发了相关 NFT 的热度。
- 尝试 3D 艺术。近来 3D 艺术正在尝试主导 NFT 设计界。用户往往会寻找传统艺术收藏品中没有的设计，如果想确保 NFT 作品更有可能令人产生兴趣，那么 3D 艺术风格看上去是不错的选择。3D 能够使设计出的画面生动起来，更能获得观众的认可。

3.3.3 数据可视化和分析

数据是描述事物的符号记录，世界万物皆可成为数据。向天空看数据有温度、湿度和降雨量，向大地看数据有土壤密度和地形。随着计算机技术的发展，人类看到的数据也在不断地增加。根据统计，世界上的信息总量在 2020 年已经达到了 35.2×10^{21} 字节，这么多的数据人类用一辈子也看不完。因此，把数据以某种方式组织起来，做成图表等易于理解的形式，能够有效地增加数据的沟通效率，数据可视化也成了计算机技术的一个重要领域。

NFT 相关的数据可视化可以分成两种路径，一种是用各种数据可视化工具直接制作 NFT，另一种是用数据分析的能力帮助 NFT 项目创造新的概念。

以音乐可视化为例，音乐可视化是电子音乐可视化器和媒体播放器软件中的一项功能。它基于一段音乐生成动画图像。图像通常是实时生成渲染，并在播放时与音乐同步进行变化的。可视化从简单的波浪变化到复杂的多种效果合成，音乐响度和频谱的变化是用作可视化输入的属性之一。有效的音乐可视化旨在实现音乐的频谱特性与所呈现的视觉图像的对象或组件之间的高度相关性。

电子音乐可视化的应用包括增强听力障碍者的音乐收听体验。英国伯明翰大学目前正在研究一种显示电子仪器的视觉效果的设备。这些视觉效果将提供关于正在播放的内容的细节信息，例如音调和声音的谐波。这将帮助失聪的音乐家更好地理解谱面。新加坡国立大学的研究人员还创造了一种设备用来增强听力障碍者的音乐体验。这种设备结合了显示器和触觉椅，将音乐中的声音质量集成到视觉图像和振动中。显示器显示与音乐相关的大小、颜色和亮度变化的各种图像。与随着音乐而振动的触觉椅相结合，为听力障碍者提供了更全面的音乐体验。

音乐可视化也可以用于教育。美国纽约市正在使用音乐可视化技术来教有听力障碍的儿童有关声音的知识，手语和英语初级学校开发了交互式灯光工作室，包括一个交互式墙，用于显示声音和音乐产生的数字输出。孩子们可以通过他们的动作触发乐器的演奏，观看这种音乐的视觉反馈。

因此，音乐 NFT 是一种独特的数字资产。音乐 NFT 既有音乐成分，也有视觉成分。音乐 NFT 可以采用多种形式，例如由音频文件、视频文件、专辑艺术品、音乐会门票或官方商品代表的歌曲。任何与音乐相关的数字内容都可以被打造成 NFT。创建或售卖音乐 NFT 的原理与创建或售卖其他 NFT 的原理相同。音乐家或乐队可以自由地选择他们想要用来制作 NFT 的内容。由于音乐 NFT 不能复制或伪造，创作者可以选择是否为音频文件安排一次性拍卖，出价最高的人将收到原始音频文件。获得原始音频文件的人将会成为这个 NFT 的唯一的原始版本拥有者。

除了数据可视化，数据科学家也可以通过数据分析的方式及时地分析 NFT 市场的各种规律，如行情变化、价格波动等。一个狂热的 NFT 投资者、收藏者或购买者通常会使用多种网络上的 NFT 数据分析工具。以下是几个常见的 NFT 数据分析工具网站。

- rarity.tools 网站是目前 NFT 领域最流行的数据分析工具网站。这个网站致力于根据艺术品和收藏品的稀有程度对 NFT 进行排名。这个网站会列出任何用户想要的 NFT 项目，并且它对用户相当友好，它的导航非常简单易懂。rarity.tools 赋予每个 NFT 一个独特的稀有性分数（稀有度）。任何人都能够快速理解 NFT 的稀有性。但是 rarity.tools 向创作者收取的费用相当高，如果不愿意支付 NFT 的上市费，那么创作者的 NFT 将无法被搜索到。
- CryptoSlam 网站在 NFT 数据分析工具方面取得了非常大的成功。CryptoSlam 的分析资源是全部免费的。所有数据都能够快速显示在一个页面上。它涵盖了 NFT 收藏排名、全球指数、区块链交易额、粉丝代币和 NFT 收藏销量排名等多种数据。CryptoSlam 的核心服务是 NBA Top Shot，用户可以快速从 NBA Top Shot 中搜索球员和球队，并查找所有者的姓名和钱包地址。不过对于寻求简单的结论的用户，CryptoSlam 也许并不是适合的软件。它的页面上显示的简单和丰富的数据太多了。对于那些面对大量数字不知所措的人，他们可能需要选择其他 NFT 数据分析工具。
- OpenSea 网站作为强大的 NFT 交易平台，其实也有自己的 NFT 分析工具。OpenSea 的分析工具背靠目前最大的 NFT 市场，获得了大量的原始数据以供分析。用户可以通过点击页面标题上的“统计数据”来查看 OpenSea 的 NFT 排名和活动，它提供了 OpenSea 市场上所有活动的实时提要。更重要的是，OpenSea 支持基于以太坊、Polygon 和 Klaytn 区块链的 NFT，让用户能够使用一个工具跟踪多个区块链。OpenSea 还提供了 9 个不同的类别来过滤 NFT 帮助用户进行搜索。

图 3.3 所示是 3 个主要 NFT 数据分析工具和网站的信息汇总，它们各自的竞争优势十分明显：rarity.tools 网站凭借它极好的用户体验，成为最流行的数据分析网站；CryptoSlam 网站凭借其免费的特点也占据一定市场份额；OpenSea 网站借助自身 NFT 交易平台的庞大数据支撑，也得到一些用户青睐。

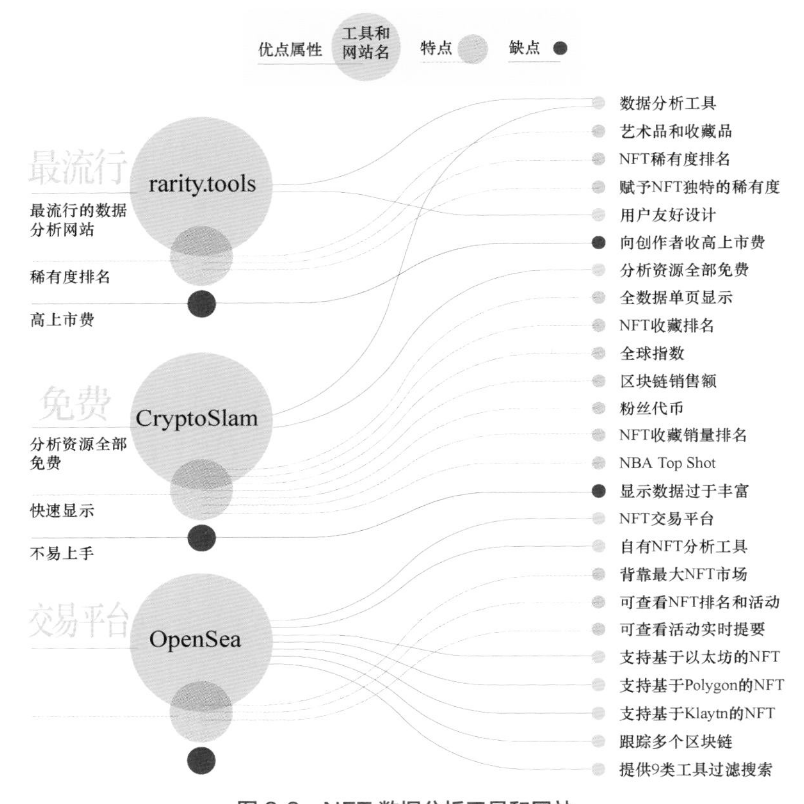

图 3.3　NFT 数据分析工具和网站

3.4 数字艺术的未来

我们很难预测数字艺术会以怎样的形式发展、能够发展到什么程度。但是我们可以尝试去讨论关于数字艺术未来的几个问题。元宇宙能否继续扩张？NFT 能否更好地保护艺术创作者的权利？AI 技术能否保护人们免受错误信息的伤害？还有哪些新技术会出现？本节包括 3 种对数字艺术未来趋势的预测，包括传统艺术 NFT 化、扩展现实和数字教育。

3.4.1 传统艺术 NFT 化

如今国内 NFT 水平良莠不齐。虽然不乏十分优秀的作品，但是更多的产品在传统艺术领域根本不合格。传统艺术领域的市场规模要比 NFT 艺术领域的大得多。2019 年，雅昌艺术市场监测中心联合法国艺术机构 Art Market 发布的《2019 年度艺术市场报告》中显示全球纯艺术拍卖共成交 55 万件作品，总成交额达 133 亿美元。NFT 艺术领域自诞生至今总交易额也才不过 6 亿美元，不到传统艺术领域一年成交额的二十分之一。

而能够吸引人的只有那些 NFT“金字塔”的瑰宝。例如，在由 APENFT 基金会举办的 Genesis 专场拍卖会中，最知名的艺术品便是由著名波普艺术家安迪·沃霍尔（Andy Warhol）创作的《三幅自画像》。这件作品竞拍价高达 280 万美元。安迪·沃霍尔被称为“波普艺术之父”，他对流行文化影响深远。

简单介绍一下 APENFT，APENFT 于 2021 年 3 月 29 日在新加坡正式注册。APENFT 总裁史蒂夫 · 刘（Steve Z. Liu）在国际资本市场拥有丰富的经验。通过将区块链技术应用于 NFT 世界，APENFT 扩展了区块链的用例。APENFT 购买著名的传统艺术品和 NFT 艺术品作为基础资产并致力于提高 NFT 交易标准。它支持政府机构、大学、律师事务所和大型企业制定规范行业健康发展的政策。

APENFT 由顶级区块链以太坊和 TRON 提供底层技术支持，并得到全球最大的分布式存储系统的支持。更重要的是，APENFT 有意促进元宇宙中金融、文化和艺术的融合。其旗下的 APENFT 基金会通过收购具有文化意义的 NFT 艺术品、投资和孵化 NFT 项目来达到创建一个巨大的 NFT 市场的目的。2021 年 11 月，APENFT 基金会通过悬赏 10 亿美元来促进对 NFT 有兴趣的人制作高质量的 NFT 作品。

国内也有许多传统艺术 NFT 化的案例。2021 年 5 月，上海市创意产业协会宣布进入 NFT 领域。该协会与多位合作伙伴签署协议，提供基于文化创意的 NFT 作品的开发和销售。上海市创意产业协会拥有丰富的艺术家和 IP（Intellectual Property，知识产权）资源，此次合作致力于推广国潮艺术 NFT。首批合作的 NFT 作品包括张大千的几幅画作和艺术品、池磊的数字艺术品、泰迪珍藏的数字艺术品等。西安的大唐不夜城也打造了全球首个基于唐朝历史文化背景的元宇宙项目大唐 · 开元，图 3.4 展示了这个项目在蚂蚁链“宝藏计划”上线的西安钟楼的数字藏品。

图 3.4 西安钟楼

为什么要推动国潮艺术 NFT？上海文创 IP 产业中心特约专家陆蓉之认为民族潮流艺术将发展出一种新的形式。陆蓉之是一位著名的策展人和艺术评论家。她创造了“animimix”动漫美学的概念以概括 21 世纪最具代表性的艺术。对于国潮艺术，她评论道：

> “潮流或趋势是暂时的，而民族潮流可以有丰富的解释。民族潮流艺术能够流行与 Z 世代和文化融合有很大关系。如今，年轻人更喜欢和关心他们的传统文化。文艺复兴并不是一个口号，而是一种普遍现象。现在的年轻人喜欢汉服，对故宫等传统文化有更多的信心和兴趣，这些都推动了国潮艺术的发展。”

3.4.2 扩展现实

自 NFT 产业出现后，有许多人提出将 NFT 运用于增强现实（Augmented Reality，AR）、虚拟现实（Virtual Reality，VR）等扩展现实（eXtended Reality，XR）技术来增强 NFT 给用户带来的体验。XR 被认为适合帮助 NFT 一起发展。XR 是一个由来已久的概念。科幻作家斯坦利 · 温鲍姆（Stanley Weinbaum）在 1935 年写了一本小说《皮格马利翁的眼镜》，其中一位教授发明了一副护目镜能让观众品尝、闻和触摸想象中的东西，或是与虚构人物交谈。1962 年，莫顿 · 海利希（Morton Heilig）拍摄了一部电影。在这部电影中，一个人坐在半封闭的柜子里进行了 3D 体验，通过一个散发香味的风扇和一把模拟运动的振动椅子来增强效果。20 世纪 70 年代末，麻省理工学院的研究人员开发了一种早期的 VR 地图，模拟用户在科罗拉多州的街道上移动。到了 20 世纪 90 年代初，波音公司研究人员开发出了首个 AR 应用，指导飞机装配工人安装电线。

XR 目前还处于早期发展阶段，但与它相关的技术已经呈爆炸式增长。《福布斯》的一篇文章描述了各种类型的 XR 技术会如何改变人们的生活和工作。XR 允许用户看到客厅里新沙发或椅子的样子，或是在一个 XR 驱动的虚拟办公环境中工作。

与 NFT 作品相关的代币（如猿币）的可互换性和独特性有助于提高追踪营销活动的有效性。随着 XR 和 NFT 的成熟，数码鞋、3D 艺术品、音乐会等越来越多的使用案例出现在我们身边。未来几年，元宇宙将展现 XR 与 NFT 合作所实现的让人难以想象的生活和工作方法。

2022 年 12 月，Imversed 宣布将在纽约市推出 XR-NFT。XR-NFT 将在 2023 年初通过 XR 技术进入市场。随着 XR 技术的快速发展，Imversed 相信 XR-NFT 将是一个接触潜在投资者和用户的好方法。

“XR-NFT 的推出对我们来说是大好事”，Imversed 首席技术官亚历克斯 · 苏（Alex Su）表示，“这标志着 NFT 的新时代，来自世界各地的人们都可以访问我们的平台。”NFT 的全球用户数每天都在增长。Alex

Su 认为这只是一个开始："我们对未来感到非常兴奋，我们知道 XR 技术将在我们前进的道路上发挥重要作用。"

Imversed 目前正在用 XR 技术改变元宇宙的格局。Imversed 推出了 XR 土地供用户购买，用户可以在 Imversed 平台内建立自己的虚拟土地。这些 XR 土地将与 XR-NFT 相结合增加用户的参与度。Imversed 最终会建立一个充满互动体验的全新世界，用户可以在这个全新世界内进行各种互动，例如在纽约时代广场举办音乐会或是在纽约中央公园举办游戏表演赛等。

3.4.3 数字教育

研究表明，使用数字工具的学生在理解能力方面更为成功。数字绘画法可以用作教学辅助工具，帮助学生清晰地理解老师教学的内容。有了数字工具，教育者可以制定有趣且吸引人的课程计划，从小培养学生对学科的兴趣。

许多艺术展览和博物馆已经提供了数字资源。教育者可以利用美国宾夕法尼亚州立大学帕尔默艺术博物馆的资源进行实地考察，或者利用纽约大都会艺术博物馆的互动时光机体验艺术史上的重要时刻。艺术教育最关键的要素之一是培养创造力。数字工具对于赋予学生表达自己和创造自己的艺术作品的能力至关重要。

美国加利福尼亚州巴尔博亚高中利用数字工具和在线资源优化学生课堂创造力。那里的学生使用 Adobe Creative Cloud 创建多媒体内容并发挥他们的想象力。美国弗吉尼亚州的罗阿诺克洞穴泉中学是成功利用数字艺术资源的另一个例子，2018 年，那里的学生开始使用 Adobe Spark 来加强批判性思维能力。随着远程和混合学习模式的普及，数字工具在教育中的占比越来越高。教师们也开始使用视频会议软件，如 Zoom、Google Meet、腾讯会议、雨课堂等来弥补面授的缺点。

第 4 章

NFT 的技术栈

从技术的本质来看，NFT 是在区块链技术的基础上，进一步发展技术与细化应用而出现的一种应用产物，是一种必然会出现的应用技术。而区块链本质上是一个去中心化的分布式数据库，能实现数据信息的分布式记录与分布式存储，它是一种把区块以链的方式组合在一起的数据结构。通俗来讲，区块链将以前的一人记账，变成了大家一起记账的模式，让账目和交易更安全。当 NFT 项目的代币经济生态已经规划成熟，下一阶段就应着手准备一些更为具体的技术元素，主要涉及 IPFS、区块链以及智能合约。

4.1 IPFS

IPFS 是一个旨在实现文件的分布式存储、共享和持久化的网络传输协议，是一种内容可寻址的对等超媒体分发协议，IPFS 网络中的节点构成了一个分布式文件系统。IPFS 是一个开放源码项目，自 2014 年开始由协议实验室在开源社区的帮助下发展，最初由胡安 · 贝尼特（Juan Benet）设计。

IPFS 协议是类似于比特币区块链协议的网络基础设施，它具有存储不可更改的数据的优势，可以移除网络上的冗余文件，获取存储节点的地址信息，以搜索网络中的文件。IPFS 尝试将所有计算设备连接到同一个文件系统，在某些方面，IPFS 类似于万维网，也可以被视作一个 BitTorrent 节点群，在同一个 Git 仓库中交换对象。也就是说，IPFS 提供了一个高吞吐量、按内容寻址的块存储模型，以及与内容相关的超链接。这形成了一个广义的默克尔（Merkle）DAG（Directed Acyclic Graph，有向无环图），如图 4.1 所示。

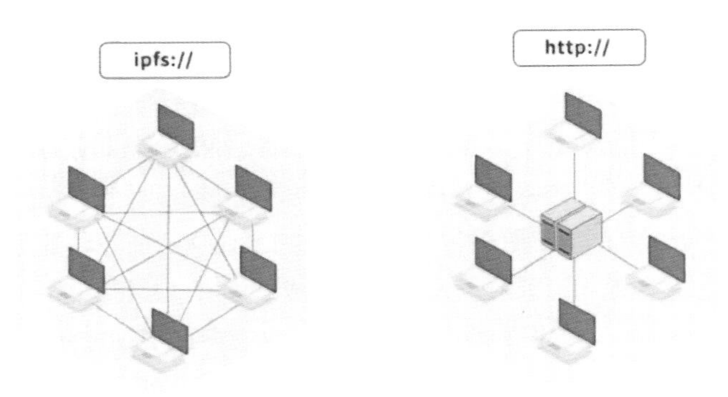

图 4.1　IPFS 分布式存储

IPFS 结合了分散式哈希表（Hash Table），鼓励块交换和一个自我认证的命名空间。IPFS 没有单点故障，并且节点不需要相互信任。分布式内容传递可以节约带宽，并防止 HTTP（Hyper Text Transfer Protocol，超文本传送协议）方案中可能遇到的 DDoS（Distributed Denial of Service，分布式拒绝服务）攻击[①]。IPFS 文件系统可以通过多种方式访问，包括 FUSE（Filesystem in Userspace，用户空间文件系统）与 HTTP。将本地文件添加到 IPFS 文件系统可以让全世界的用户使用。IPFS 文件系统的文件表示基于哈希，这有利于缓存。此外，IPFS 文件系统中文件的分发采用一个基于 BitTorrent 的协议。查看内容的用

① BENET J. IPFS-Content Addressed, Versioned, P2P File System.2014 [J]. DOI: 10.48550/arXiv.1407.3561.

户也可以将内容提供给网络上的其他人。

IPFS 有一个叫作 IPNS 的名称服务，它是一个基于 PKI（Public Key Infrastucture，公钥基础设施）的全局命名空间，用于构筑信任链。IPNS 可以与其他命名空间集成，使其他命名空间中的域名等可以映射到 IPNS，从而在 IPNS 网络中访问和使用。

每个 Merkle 都是一个有向无环图，因为每个节点都通过节点名称访问。每个 Merkle 分支都是分支本地内容的哈希，它们的子节点使用它们的哈希而非完整内容来命名。因此，节点在创建后将不能编辑。这可以防止循环（假设没有哈希碰撞），因为无法将第一个创建的节点连接最后一个节点并创建最后一个引用。

对任何 Merkle 来说，要创建一个新的分支或验证现有分支，通常需要在本地内容的某些组合体（例如列表的子哈希和其他字节）上使用一种哈希算法。IPFS 中有多种哈希算法可用。

在去中心化的未来，IPFS 是保存数据的最佳方式。那随之而来的问题是，IPFS 中一般都会存储哪些数据呢？另一个问题是，我们为什么需要用 IPFS 存储数据呢，大数据到底是什么概念？最后一个问题是，分布式数据存储如何保证数据安全呢？下面我们来详细聊聊这 3 个问题。

4.1.1 元数据

在未来，IPFS 中存储最多的数据类型应该就是元数据了。其实 NFT 也可以看作元数据。下面我们来聊聊元数据到底是什么。元数据（Metadata）又称元资料、诠释资料、后设资料、中继资料、中介资料等，为描述其他资料信息的资料。元数据有 6 种不同类型，分别是记叙性元数据、结构性元数据、管理性元数据、参考性元数据、统计性元数据及法律性元数据。

- 记叙性元数据描述用于发现与辨别意义的资源，它可以包括如标题、摘要、作者和关键字等元素。
- 结构性元数据是关于资料容器的元数据，指示如何整理其中复合的对象，例如页面依什么排序方式组成章节。

- 管理性元数据用于管理资源的信息，例如资料产生的时间和方式、文件种类和其他技术信息，以及谁有权限访问它。
- 参考性元数据是跟内容及统计数据质量相关的信息。
- 统计性元数据，又称处理过程资料，用于描述收集、处理或产生资料的过程。
- 法律性元数据提供有关作者、著作权人及公共授权条款等信息。

元数据主要用来描述资料的属性信息，用来支持如指示存储位置、存储历史信息、资源查找、文件记录等功能。元数据可视作一种电子式目录，为了达到编制目录的目的，必须描述并收藏资料的内容或特色，进而达成协助资料检索的目的。

释义 4.1　元数据

“元数据”这一名词起源于 1969 年由杰克·迈尔斯（Jack E.Myers）所提出的“.metadata”，即关于数据的数据（data about data），可以说是一种标准，是为支持互通性的资料描述实现的一致准则。现存很多元数据的定义，主要视特定社群或使用情境的不同而不同。目前主要有以下 3 种解释：

- 关于数据的数据（data about data）；
- 有关信息对象结构的信息（structured information about an information object）；
- 描述资源属性的数据（data describes attributes of resources）。

都柏林核心元数据倡议（Dublin Core Metadata Initiative，DCMI）是元数据的一种应用，在 1995 年 2 月联机计算机图书馆中心（Online Computer Library Center，OCLC）和美国国家超级计算应用中心（National Center for Supercomputing Applications，NCSA）联合赞助的研讨会上，由 52 位来自图书馆学、计算机、网络等方向的专家共同制定。元数据传统上用于图书馆的卡片目录，一直到 20 世纪 80 年代。21 世纪开始，数字化成为存储资料的普遍方式。而图书馆也将其目录资

料转换为数字数据库，这些数字资料也有相关的元数据标准。

不同行业有不同的元数据标准，描述资料的背景和内容，这增加了其实用性。例如，一个网页的元数据包括页面主题、编写脚本语言（如 HTML）、页面生产工具，以及主题相关信息等，如图 4.2 所示。这个元数据可以自动提高阅读的体验，让用户更容易在网络上查找网页。例如，一个有关音乐专辑的网页元数据可提供此专辑的音乐信息、歌手和歌曲作者信息等。

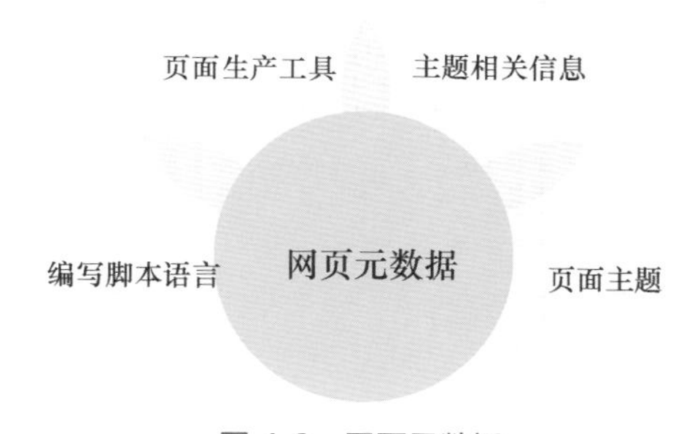

图 4.2　网页元数据

元数据的主要目的是帮助用户查找相关信息并探索资源。元数据也有助于组织电子资源，实现数字识别，以及保存资源。

4.1.2　大数据

释义 4.2　大数据

大数据是组织收集的结构化（如交易和财务数据）、半结构化（如 Web 服务器日志和来自传感器的流数据）和非结构化（如文本、文档和多媒体数据）数据的组合，可以利用大数据挖掘信息并用于机器学习项目及构建预测模型。

大数据是信息技术持续发展的产物。它为人们提供了一种可量化的认知世界的方式，称得上是一次重大的科技进步。2009 年，谷歌公司的工程师们根据用户的搜索数据，成功预测了甲型 H1N1 流感在全球范围的传播，该预测结果甚至早于美国公共卫生官方的判断。谷歌公司对流感的预测并未进行大规模实地检测，而是利用每天数十亿次的用户网络搜索数据，得出了上述预测结果。这便是谷歌公司基于大数据技术为生活提供支持的一个典型案例。

根据实际操作流程和技术的演进，大数据分析可大致分为 4 部分。首先是对数据的预处理，包括收集、存储、清洗和整合。之后，可以使用统计学方法，收集一些数据特征的描述。为了发掘数据隐含的更深层的价值，可进一步采用数据挖掘技术、AI 技术等[①]，如图 4.3 所示。

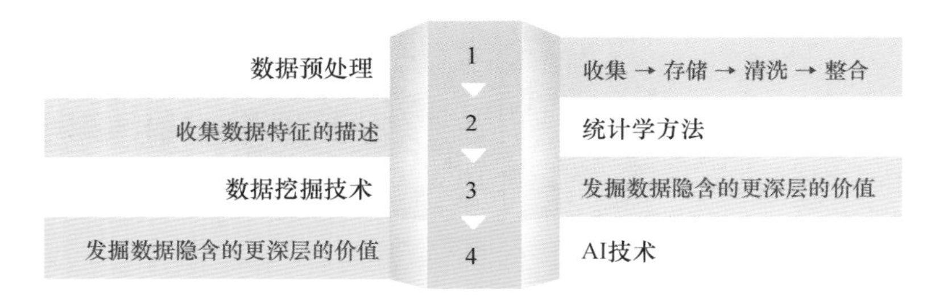

图 4.3　大数据分析步骤

可以预见的是，在元宇宙中，会有更多高质量的数据用于机器学习，促进大数据技术继续发展和革新。在现实世界中的人的时间、劳动力和成本的问题可以在元宇宙中被 AI 解决。例如，在现实世界中，人们必须经过招聘播音员、在工作室拍摄，以及剪辑视频、在电视上播放等很多流程才可以播放新闻。然而，在元宇宙中，利用 AI 播音员，可以快速、持续、长时间地传递紧急和重要的新闻。为了在元宇宙播放新闻，真实播音员的面部表情、肌肉运动、声音和手势等都是可以被用来学习的有效数据。在元宇宙中，存储在区块链块中的元数据可以选择性地提供必要的高质量数据。

---

① RILEY J. Understanding metadata[J]. Washington DC, United States: National Information Standards Organization , 2017, 23.

元宇宙中的创意活动往往是用 AI 而非真人来实现的。AI 艺术家在创作作品时，会了解作品的趋势和风格，然后使用所学来进行创作。过去，大量的数据被用于风格分析。现在，AI 艺术家将数据存储在分布式账本中，可以轻松选择和重复使用，而获取更多数据并反复练习可以减少选择错误数据的概率。

4.1.3　数据存储

使用传统存储时，用户将数据存储在使用 LAN（Local Area Network，局域网）或 WAN（Wide Area Network，广域网）与用户的计算机连接的计算机或服务器中。数据信息存储在磁盘中，用户可以根据需要重新格式化或重新配置，可以增加磁盘数量以扩大存储容量[①]。使用传统存储时，当要求增加存储容量时，会使用辅助备份设备甚至第三方网站来存储多余的数据。

基于分布式存储的 GDFS（Good Data File System，Good Data 文件系统）将区块链技术与 IPFS 相结合。通过多次数据备份，就近分配存储资源，保证数据存储的可靠性、可用性和永续性。GDFS 作为一个社区驱动的去中心化系统，建立了完善的激励机制（对存储资源提供者进行奖励，对造假者进行惩戒），有效地协调了存储用户、存储资源提供者、元数据管理者和协调者之间的关系。

4.2 区块链

区块链（Blockchain）是一个串联的文本记录，可以理解为一个又一个区块组成的“链条”，每一个区块中保存了一定的信息，它们按照各

① ZHENG Z, XIE S, DAI H N, et al. Blockchain challenges and opportunities: A survey[J]. International journal of web and grid services, 2018, 14(4): 352-375.

自产生的时间顺序连接成链条。这个链条被保存在所有的服务器中，只要整个系统中有一台服务器可以工作，整个区块链就是安全的。这些服务器在区块链系统中被称为节点，它们为整个区块链系统提供存储空间和算力支持。如果要修改区块链中的信息，必须征得半数以上节点的同意才能修改所有节点中的信息，而这些节点通常掌握在不同的主体手中，因此篡改区块链中的信息是一件极其困难的事。相比传统的网络，区块链具有两大核心特点：一是数据难以篡改，二是去中心化。基于这两大特点，区块链所记录的信息更加真实可靠，可以帮助解决人们互不信任的问题。

区块链中每个区块都包含前一个区块的加密哈希值、对应的时间戳和交易数据[①]。区块链技术是一种通过去中心化的方式由参与者集体维护一个数据库（账本）的方案，传统的记账方式由一人来记账，而区块链技术让系统中的每一个人都有机会竞争参与记账。如果发现任何数据不统一，系统会将这段时间内记账最快、最好的人记录的内容写入账本，并将账本内容同步给系统内的所有人进行备份。这样系统中的每个人都有了一本完整的账本。

4.2.1 认识区块链

虽然区块链领域在很大程度上仍局限于探索去中心化的交易方法和存储交易信息的方法，还处于技术探索阶段。但是区块链技术已经在一些具体的应用场景中落地了[②]，如图 4.4 所示。

---

① MONRAT A A, SCHELÉN O, ANDERSSON K. A survey of blockchain from the perspectives of applications, challenges, and opportunities[J]. IEEE Access, 2019, 7: 117134-117151.

② NOFER M, GOMBER P, HINZ O, et al. Blockchain[J]. Business & Information Systems Engineering, 2017, 59(3): 183-187.

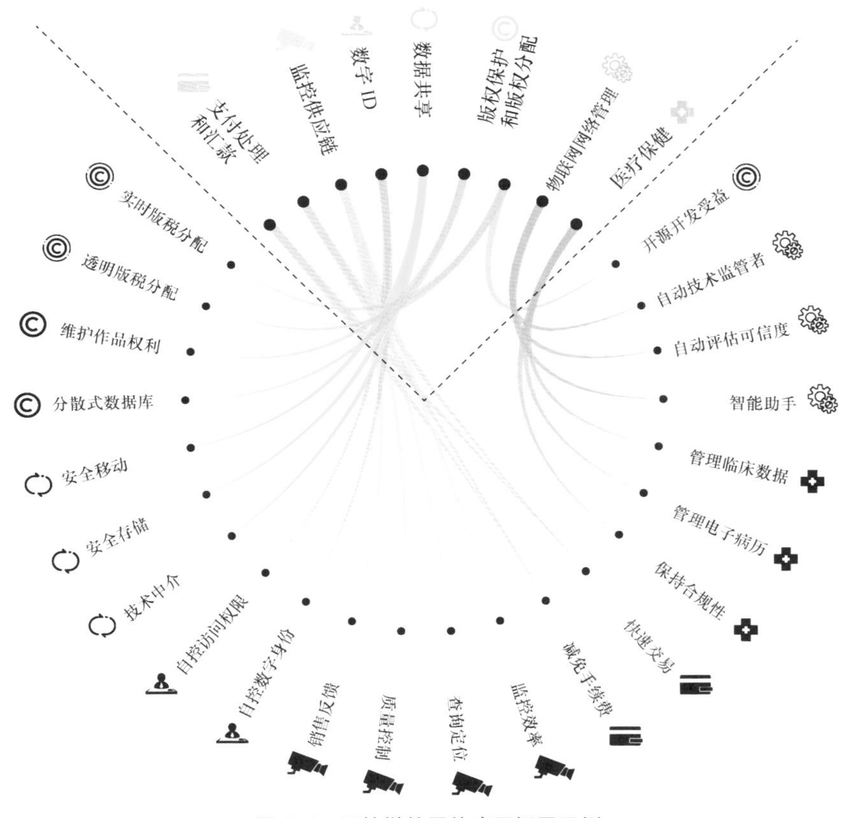

图 4.4　区块链的具体应用场景示例

下面介绍一下区块链的具体应用。

- 用于支付处理和汇款的区块链：通过区块链处理交易可以减少第三方中介存在所产生的服务费用，例如银行的手续费。
- 用于监控供应链的区块链：使用区块链，企业可以快速查明其供应链中的低效率环节，并实时定位产品，从质量控制的角度了解产品在从制造商到零售商的过程中的表现。
- 用于数字 ID 的区块链：微软正在试验使用区块链技术帮助人们控制他们的数字身份，同时让用户控制谁可以访问身份数据。

- 用于数据共享的区块链：区块链可以充当中介，在行业之间安全地存储和移动企业数据。
- 用于版权保护和版税分配的区块链：区块链可用于创建分布式数据库，确保艺术家的权利并提供透明和实时的版税分配。区块链也可以为开源开发者做同样的事情。
- 用于物联网网络管理的区块链：区块链可以成为物联网网络的监管者，识别连接到无线网络的设备，监控这些设备的活动，并自动评估添加到网络中的新设备的可信度，设备包括汽车、智能手机等。
- 用于医疗保健的区块链：区块链可以在医疗保健领域发挥重要作用，即医疗保健付款人和提供者使用区块链来管理临床试验数据和电子病历，同时保证合规性。

接下来将介绍区块链的一些具体概念。

1. 哈希函数

哈希函数是一种可以将任意长度的消息压缩成某一固定长度的消息摘要的函数，哈希函数可以将数据以固定长度字符串的形式保存下来。它具有极高的安全性，在互联网中，它支持用户安全发送消息。哈希函数可以将任意长度的数据转换为固定长度，且最后输出的哈希值比输入的数据要小得多，因此哈希函数有时也被称为压缩函数（Compression Function）。一般情况下哈希函数会生成 160 ～ 512 位的哈希值。

哈希函数应该是无冲突的，这意味着，几乎很难遇到随机输入两个不同长度的数据却得到相同哈希值的情况。但是当数据量足够大时，对于不同的数据 x 和 y，极有可能出现 $h(x)=h(y)$ 的情况，这种情况被称为哈希冲突。如果发生了哈希冲突，那么数据的安全将受到极大的威胁。哈希函数是实现哈希算法的核心，哈希算法通常以固定长度的块来处理数据中的信息，数据块的大小根据算法的不同而不同，但是对于特定的算法，它的长度保持不变。例如，算法 SHA-1 仅接收 512 位的数据，因此，如果输入数据的长度正好是 512 位，则哈希函数仅需运行一次[①]。而如果数据是 1024 位的，它将会被分两个 512 位的数据块，并运行两次哈希函数。但现实情况是，输入的数据不可能刚好是 512 的倍数。所以，输入的数据会依据密码学中的填充技术被分为固定大小的数据块，哈希函数重复的次数与数据块的数量一样多。哈希函数一次处理一个数据块，最终输出的是所有数据块的组合值，如果在任何位置更改一位数据，则整个哈希值都会被更改。

2. 区块

区块一般包含区块头和区块体，区块头一般有父区块的哈希值、时间戳、哈希树等。哈希值能唯一标识区块，哈希值和区块高度可以用来区分不同区块。将区块头中的哈希指针（哈希指针是一个指向数据存储位置及其位置数据的哈希值的指针）连接成一条链，就是我们所说的区块链了。

3. 哈希树

哈希树是密码学及计算机科学中的一种树形数据结构。哈希树可以更有效且更安全地对区块链数据进行编码。拉尔夫 · 默克尔（Ralph Merkle）于 1979 年申请了哈希树的专利，所以哈希树也被称为 Merkle 树[②]。

二叉哈希树的最底层为交易数据层，交易数据经过哈希函数的运算生成了叶子层哈希。中间的哈希值属于分支层，而顶部的哈希被称为根哈希。哈希树由各种数据块的哈希值组成，它允许用户在不下载整条区块链的情况下验证个人交易。哈希树的计算方式是自下而上的，即重复计算节点上成对的哈希值，直到只剩下一个根哈希，因此，哈希树需要偶数个叶子层节点，如果交易数量为奇数个，则需要将最后一个哈希值复制一次，

---

① URQUHART A. The inefficiency of Bitcoin[J]. Economics Letters, 2016, 148: 80-82.
② NADARAJAH S, CHU J. On the inefficiency of Bitcoin[J]. Economics Letters, 2017, 150: 6-9.

以创建出偶数个叶子层节点来完成计算。

4. 工作量证明机制

人们通过求解谜题的工作量证明机制（Proof of Work，PoW）来取得在链上创建新块的资格。在区块链中，每个区块都有自己独特的随机数和哈希值，而且还引用了链中前一个区块的哈希值，因此挖掘一个区块并不容易，尤其是在大型链上。人们使用特殊软件来解决极其复杂的数学问题，即找到一个生成可接受哈希的随机数。因为 nonce（nonce 是一个在加密通信中只能使用一次的数值）只有 32 位，而哈希值是 256 位，所以在找到正确的组合之前，必须挖掘大约 40 亿个可能的 nonce-hash 组合。当这种情况发生时，可以说人们已经找到了“黄金随机数”，并且他们的区块被添加到链中。

对链中较早的任何块进行更改不仅需要重新挖掘更改的块，还需要重新挖掘之后的所有块。这就是操纵区块链技术极其困难的原因。当一个区块被成功发布时，链上的所有节点都会被更改。

5. 节点

节点可以是维护区块链副本并保持网络正常运行的任何类型的电子设备。每个节点都有自己的区块链副本，网络必须通过算法批准任何新开采的区块，才能更新、信任和验证链。由于区块链是透明的，账本中的每一个动作都可以很容易地检查和查看。每个参与者都有一个唯一的由字母和数字组成的标识号，用于显示他们的交易。

将公共信息与制衡系统相结合有助于区块链保持完整性并在用户之间建立信任。从本质上讲，区块链可以被认为是一种能够实现可扩展性的技术。可扩展性是指一个软件和系统能够让其他开发者来增加新的功能或者修改现有功能，并且新增功能的同时不损害现有系统或软件功能。通过区块链技术实现的可扩展性是可信任的。

6. 区块链

区块链是在计算机网络的节点之间共享的分布式数据库。作为数据库，区块链使用数字格式存储信息。区块链可以用于维护安全和分散的交易记录。区块链的创新之处在于它保证了数据记录的真实性和安全性，并在不需要受信任的第三方的情况下产生信任。

典型数据库和区块链之间的一个关键区别是数据的构造方式。区块链以组的形式收集信息，称为块，其中包含信息集。块具有一定的存储容量，在填充时会关闭块并连接到先前填充的块，形成称为区块链的数据链。新添加的块之后的所有新信息都被编译成一个新形成的块，一旦填充，该块也将被添加到链中。

数据库通常将其数据构造成表格，而区块链，顾名思义，将其数据构造成串在一起的块（区块）[①]。当以分散的性质实施时，这种数据结构固有地形成了不可逆转的数据时间线。当一个块被填满时，它就被固定下来并成为这个时间线的一部分。链中的每个块在添加到链中时都会被赋予一个准确的时间戳。

综上所述，区块链是一个分布式的、具有时序性的账本。它在一段时间内会发布一个新的区块，区块中用哈希树来记录有关的所有交易信息，并且用哈希函数来对信息进行加密。所谓的分布式是指所有用户会共同维护同一版本的区块链，这些用户被称为节点。最后，一个新的区块只能由一个节点发布，因此所有节点需要通过工作量证明机制来获取发布新区块的权利，这个行为有时候也被称为“挖矿”。

4.2.2　从区块链 1.0 到区块链 3.0

2008 年 10 月 31 日，中本聪（Satoshi Nakamoto）向一个邮件列表的所有成员发送了一封标题为“比特币：点对点电子现金系统”（Bitcoin: A Peer-to-Peer Electronic Cash System）的电子邮件，这封邮件有着非比寻常的意义，它标志着“区块链”时代的到来。此后，经过十几年的发展，区块链技术给世界政治、经济、文化，甚至教育带

① BÖHME R, CHRISTIN N, EDELMAN B, et al. Bitcoin: Economics, technology, and governance[J]. Journal of economic Perspectives, 2015, 29(2): 213-38.

来了巨大影响。区块链科学研究所（Institute for Blockchain Studies）创始人梅拉妮·斯旺（Melanie Swan）曾根据区块链的发展脉络将区块链的发展阶段分为区块链 1.0、区块链 2.0 和区块链 3.0，沿着这条脉络，我们可以清晰地看到区块链的过去、现在与未来。

1. 区块链 1.0

2009 年 1 月 3 日，中本聪在互联网上生成了第一个比特币区块，即比特币创世区块（Genesis Block），这标志着“区块链 1.0”时代的到来。这个时期的区块链技术的发展及应用普遍集中在货币的转移、兑换和支付等方面。也就是说，区块链技术可以实现货币和支付去中心化[①]。之后，中本聪和几个开发者继续在网上交流想法，开发迭代比特币区块。但是，随着区块的逐渐成熟，他的活动也开始减少，比特币系统逐渐进入自运转状态。2010 年 7 月，由杰德·麦凯莱布（Jed McCaled）创立的 MT.Gox 在位于日本东京都涩谷区的比特币交易所成立。顿时，新用户暴增，比特币价格暴涨。2011 年 2 月，比特币价格首次达到 1 美元，此后，比特币与英镑、巴西雷亚尔、波兰兹罗提等现实货币可相互兑换的交易平台开始运行。2011 年后，中本聪不再出现。他成了一个匿名的传奇，没人知道他是谁，他只留下了自己的创造。2012 年，瑞波（Ripple）发布，其作为数字货币，利用区块链转移各国外汇。2013 年，比特币价格再次暴涨。美国财政部发布了虚拟货币个人管理条例，首次阐明虚拟货币含义。

2. 区块链 2.0

2014 年，“区块链 2.0”成为一个关于去中心化区块链数据库的术语。得益于开源环境及智能合约的应用，区块链在这个时期得到了快速发展。它的应用范畴已经超越货币，延伸至期货、债券、对冲基金、私募股权、

① CIAIAN P, RAJCANIOVA M, KANCS D. The economics of BitCoin price formation[J]. Applied economics, 2016, 48(19): 1799-1815.

股票、年金、众筹、期权等金融衍生品。此外，随着公证文件、知识产权文件、资产所有权文件等文件的电子化以及与区块链的结合，让有形或无形的资产在区块链上都找到了可能的运行环境。2016 年 1 月 20 日，中国人民银行数字货币研讨会宣布对数字货币研究取得阶段性成果。会议肯定了数字货币在降低传统货币发行、流通成本等方面的价值，并表示中国人民银行在探索数字货币的发行。2016 年 12 月 20 日，中国 FinTech 数字货币联盟及 FinTech 研究院正式筹建。

3. 区块链 3.0

“区块链 3.0”时代将是区块链全面应用于生活方方面面的时代。它将互联网的功能从单纯传递信息推向了“不仅传递信息，更传递价值”。区块链 3.0 将协助构建一个大规模的协作社会，联通金融、政府、医疗、科学、文化和艺术等领域。

4.2.3 区块链是如何工作的

我们以以太坊为例，解释区块链的工作原理。ETH 的买卖被输入并传输到功能强大的计算机网络，并由各个节点监听。各个节点会将自己监听到的交易记录打包，生成一个区块。在这个过程中不同节点会生成不同的交易记录区块。它们通过算力竞争来争夺发布新区块的权力[①]。当新区块被一个节点成功发布后，所有其他节点需要在自身账本中加入这个新区块，然后打包新的交易记录信息，争夺下一轮区块发布权力。

当一笔交易被发起后，该交易就会通过 P2P 网络进行传播，各节点会对交易的真实性进行验证。随后，经过验证的交易会被记录在区块中，且该交易被记入账本，即新的区块被加入现存的区块链。此时，加密货币会进入交易者账户，交易完成。

---

① BUTERIN V, et al. A next-generation smart contract and decentralized application platform[J]. white paper, 2014, 3(37): 2-1.

4.3 智能合约

智能合约是一种数字程序，可以自动执行业务逻辑、义务和协议。“智能合约”一词具有误导性。它们既不是“智能”，也不是通常被解释为法律文件的“合同”。智能合约是密码学研究员尼克·绍博（Nick Szabo）在 1994 年首次引入的一个术语，可理解为由开发者编写并部署到区块链上的脚本或软件代码①。它们被编写为通常由事件触发的事务指令。如果货物成功按规定到达该客户的仓库，则向供应商发放付款，公司自动更新发货和收据。智能合约可以自动执行任务，这消除了管理耗时且手动业务流程成本高昂的问题。

智能合约几乎可以用来表示任何东西，如电子仓单、债券、发票、期货合约、风险分担等。这些加密、独特的资产可以由网络上的用户实时创建、交易和结算。每个智能合约都可以编写几乎所有类型的业务逻辑，这些业务逻辑可以根据协议的条款和条件自动执行。

当输入发生时，合约通过执行合约逻辑规定的任何类型的义务或条件来做出响应。例如，GPS（Global Positioning System，全球定位系统）坐标显示船舶到达了正确的港口，向卖家付款的智能合约就会自动触发；输入某种商品的当前价格可能会触发智能合约出售该商品的期权；买方在发票上的签名可以产生付款义务，该付款义务在满足其他条件时在指定日期自动执行；自动售货机可以在补货完成后根据库存向补货的无人机付款；在法院备案系统收到违约事件后，抵押品将转移给债权人。

如前文所述，智能合约通常不是法律协议。但是，他们可以根据双方之间的先前或单独的协议执行条款。此外，由于法律协议倾向于遵循类

---

① ZOU W, LO D, KOCHHAR P S, et al. Smart contract development: Challenges and opportunities[J]. IEEE Transactions on Software Engineering, 2019, 47(10): 2084-2106.

似于代码的 if-this-then-that 等逻辑格式[①]，因此纸质协议可以被自动执行合同条款的计算机程序所取代。因此，智能合约在运营区块链模型中发挥着重要作用，如图 4.5 所示。具体而言，可以通过使用自动化规则、嵌入式智能合约来自动化各方之间的流程，从而以快速、清晰和高效的方式实现各方的合同意图。

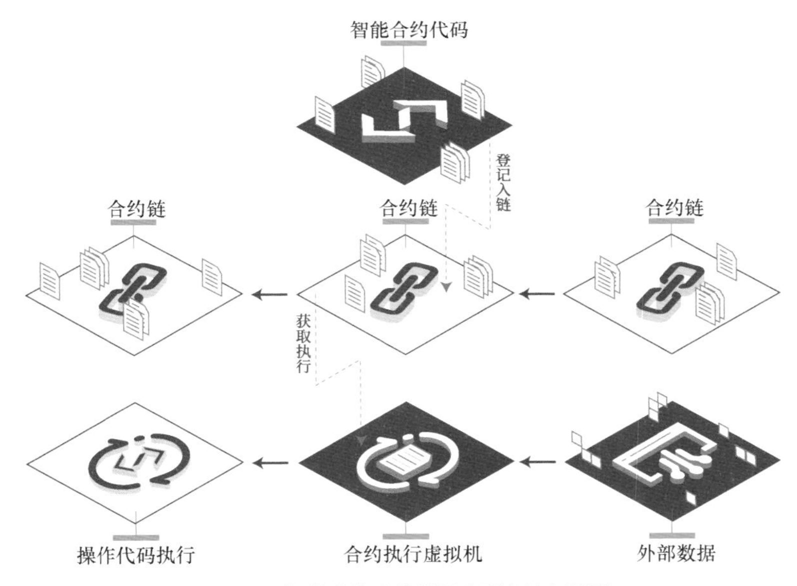

图 4.5 智能合约系统以及实现方法与流程

区块链是一个全球性的去中心化分布式账本，而智能合约作为一段由事件驱动的、具有状态的、运行于区块链系统之上的程序，能够保管、处理区块链上的数字资产，运行在通用平台上的智能合约还能够实现传统应用系统的部分功能。区块链技术的发展为智能合约提供了很好的运行基础，智能合约在区块链上能够发挥重要作用。随着以太坊等区块链平台的迅速发展，智能合约具备良好的发展契机，具体如下。

① ZHENG Z, XIE S, DAI H N, et al. An overview on smart contracts: Challenges, advances and platforms[J]. Future Generation Computer Systems, 2020, 105: 475-491.

- 智能合约对加密货币技术领域产生了深远影响，也确实为区块链技术领域带来了重大变革。终端用户不一定直接与智能合约交互。但在不久的将来，智能合约的应用会更广泛，将覆盖金融服务、供应链管理等各领域。
- 智能合约的去中心化、自动执行和可验证等特性使其编码的业务规则能够在对等网络中执行，其中每个节点都是“平等的”，没有任何特殊权限，不需要可信的参与机构或中央服务器。因此，智能合约有望改变许多传统行业，如金融、医疗、能源等。

第 5 章

NFT 的诸多应用

NFT 是一种基于区块链技术的数字资产，它具有独一无二的数字身份。NFT 的应用主要集中在音乐、游戏、数字艺术等领域，在前文中我们有所介绍。

- 在音乐领域，NFT 音乐是一种基于区块链技术的音乐形式，它可以用于认证音乐作品的版权，并可以通过在区块链上进行交易来保护创作者的权益。
- 在游戏领域，NFT 可以用来认证游戏道具的唯一性，并可以通过在区块链上进行交易来保护玩家的权益。
- 在数字艺术领域，NFT 可以用来认证数字艺术作品的所有权，并可以通过在区块链上进行交易来保护创作者的权益[①]。

随着区块链技术的进一步发展，NFT 应用还会有更多的发展空间。

5.1 NFT 音乐

NFT 音乐是一种新型的数字艺术品，它将音乐与区块链技术结合起

① KACZYNSKI S, KOMINERS S D. How NFTs create value[J]. Harvard Business Review, 2021, 10.

来，为音乐创作者和拥有者提供了一种新的创作和拥有音乐作品的方式。

传统的音乐产业中，音乐创作者通常依靠唱片公司或音乐网站来发行和销售他们的作品。然而，传统的音乐产业常常存在各种问题，例如侵权、作品盗版和收益分配不公平等。NFT 音乐通过区块链技术，可以解决这些问题，为音乐创作者提供一种新的创作和发行音乐的方式。

NFT 音乐的基本原理是，将音乐作品以数字代币的形式发行。每个作品都是独一无二的，并且在区块链上被永久记录。这意味着，每个 NFT 音乐作品都有一个唯一的数字身份，可以被追溯和验证。

5.1.1 五大 NFT 音乐平台

1. Euterpe

Euterpe 是全球首个以 IP 驱动、内嵌 SocialFi 生态的版权 NFT 交易平台。Euterpe 团队致力于打造一个高质量 IP NFT 的专业 B2C（Business to Customer，企业对用户）市场，避免了平台被侵权和诈骗。Euterpe 将内嵌 SocialFi 生态系统，以将被动的粉丝变成主动的利益相关者，激励他们对社区做出贡献。在元宇宙中，IP 就是一切。Euterpe 从音乐 IP 入手，然后扩张到视频、游戏、图书、音乐会、明星周边等广阔的 IP 领域。

Euterpe 团队 2022 年初已经获得早期融资超过 700 万美元，投资机构包括 Fenbushi Capital、Huobi Ventures、BingX、HKICEx、UpHonest Capital、Brightway Future Capital、LD Capital、Titan Capital 等。

Euterpe 在 2021 年第一季度进行了 Alpha 版测试，已与 30 余家唱片公司达成合作，合作歌曲上千首。Euterpe 官方披露，对于创作者和版权所有者，Euterpe 平台为他们的作品版权铸造和发行 NFT，并通过提升版权价值，创造即时变现的渠道，Euterpe 还通过 SocialFi 扩大作品的影响力。而投资者可以通过自身眼光和品位发掘优秀的艺术家及其作品，投资版权 NFT，投资者不仅可以获得 NFT 增值，而且还可以获得

Spotify 和 YouTube 等传统流媒体版权收益十几倍的稳定版权收益。对于粉丝，Euterpe 平台提供了各类参与方式（如 SocialFi 挖矿），在欣赏作品、宣传推广作品的同时，参与者可以获得 Euterpe 平台的丰厚奖励。Euterpe 平台拥有以下 3 种 SocialFi 挖矿玩法。

- 播放挖矿：用户可以选择参与播放挖矿玩法，在播放作品的同时，根据自己的播放时长获得一定的代币奖励。
- 分享挖矿：已经下载了作品副本的用户可以获得 Euterpe 社区为该用户特制的链接，该用户可以在 Euterpe 社区或其他媒体平台（如 Twitter、Facebook 或 Telegram）分享链接，如果其他用户通过这个链接下载或者观看了流媒体内容，那该用户将获得一定的代币奖励。
- 投票挖矿：Euterpe 社区每周会发布一系列排行榜，对不同类型的最有价值的作品（如 Top 100）进行聚合，由社区里的艺术家、粉丝和其他用户共同投票，并结合使用维度来决定最终的排名，投票者投中的作品如果排名节节上升，则可以获得丰厚的代币奖励。

2. WarpSound

WarpSound 是 Authentic Artists 的子公司，又名 WVRPS。WarpSound 是一个互动的、由 AI 驱动的集群，得到了一些名人（包括知名艺术家）的支持。通过前沿的深度学习技术、游戏引擎和区块链技术，为虚拟世界创造新的虚拟艺术家、社交音乐体验和音乐收藏品。WarpSound 的目标是帮助人们与音乐重新建立联系。

2022 年 6 月 22 日，元宇宙音乐平台 Authentic Artists 宣布完成一轮战略融资，华纳音乐集团、Crush Ventures、Crush Music、耐克 RTFKT 创始人史蒂文 · 瓦西列夫（Steven Vasilev）和 The Sandbox 联合创始人塞巴斯蒂安 · 博尔热（Sebastien Borget）等参投。

3. AM DAO

AM DAO 是一个文化类 DAO 组织，旨在帮助更多的艺术与音乐创作新人进入 Web 3.0 世界，并在 Web 3.0 世界培育艺术与音乐作品，该组织模糊了粉丝、投资人和艺人之间的界限，构建 DAO 成员共同的艺术与音乐乌托邦。

4. Catalog

Catalog 是一个数字唱片店和数字音乐社区，在 Catalog 上歌迷可以聆听和直接支持他们喜爱的音乐。同时，艺术家可以立即获得 100% 的唱片销售收入，以及二级市场转售的自选份额，而且无须放弃他们的版权。歌迷们可以通过收集 Catalog 上的作品，与艺术家建立永久的联系，并可以共同分享他们的作品。

艺术家可发行 Catalog Record，它们代表了艺术作品在网上的创世版本。它们是独特的、1:1 的唱片版本，永远存在于互联网上，不受任何一个平台的影响。Catalog 为艺术家和歌迷提供了一个可编程的画布，以建立一个新的音乐所有权世界。

2021 年 6 月下旬，Catalog 由 1confirmation 领投完成了 220 万美元的融资计划，主要用于扩张团队。在融资之前，团队成员从 3 人增加到了 5 人，团队成员信息并未披露。

5. Royal

Royal 是一个音乐投资平台，艺术家可以使用该平台来出售他们的歌曲，粉丝则可以从该平台购买歌曲的所有权，并从其购买的歌曲中获得版税收入，以此来实现双方共赢的局面。

2021 年 8 月，Royal 宣布完成了 1600 万美元种子轮融资，该轮融资由 Paradigm 和硅谷顶级投资人彼得 · 蒂尔（Peter Thiel）的 Founders Fund 领投。同年 11 月，Royal 再次宣布已完成 5500 万美元融资，a16z、Coinbase Ventures、Paradigm、The Chainsmokers、Nas、LogicKygo 等重量级机构与众多欧美音乐人都有参与，这笔资金将被用于发展其生态系统。

如图 5.1 所示，本节介绍的五大平台中，经济模型最为亮眼的是 Euterpe。3 种 SocialFi 挖矿玩法的加入，在上述简单的 NFT 发行逻辑

之外延长了产品链路。播放和分享这两种普通消费者的消费行为被纳入 Euterpe 产品生态。通过投票挖矿的方式，Euterpe 在良莠不齐的 UGC（User Generated Content，用户生产内容）中，筛选出头部的精品进行通证化。这种经济模型可以带来的“飞轮效应”是显而易见的：通证经济刺激了内容消费者参与版权拍卖，艺术家和粉丝评论投票增加了优秀作品的声誉，粉丝分享增加流媒体播放次数。

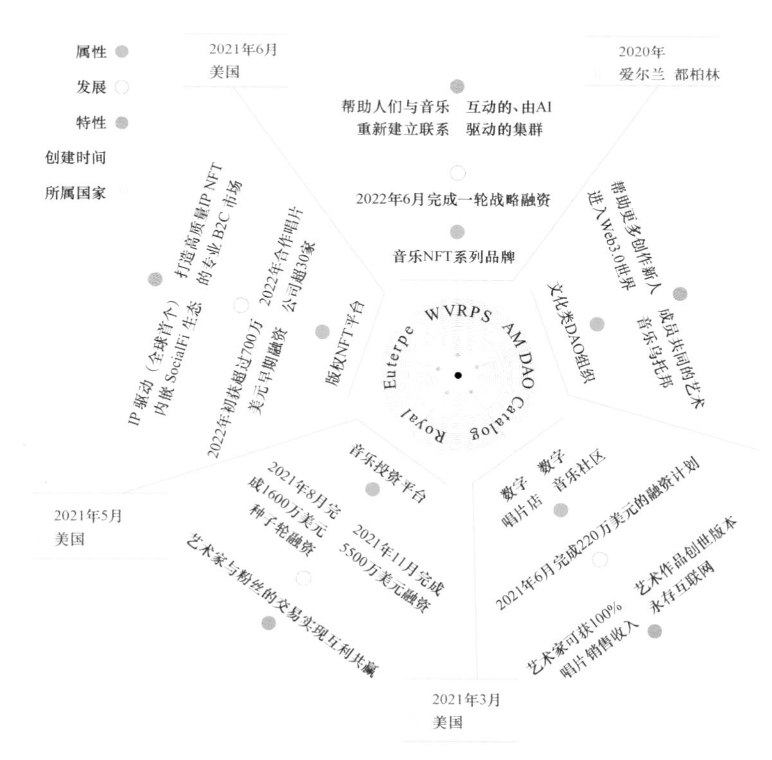

图 5.1　五大主流 NFT 音乐平台

5.1.2　NFT 音乐的收益分配

NFT 音乐是一种使用区块链技术创建的数字资产，它可以用来表示音乐版权所有权。这种技术可以解决传统音乐版权收益分配中存在的问题，并为音乐创作者提供更多的收益。

NFT 音乐可以通过使用区块链技术来解决传统版权收益分配中的不透明问题。区块链技术可以记录每一次 NFT 音乐交易的细节，并且这些信息是不可篡改的。这样，音乐创作者就可以清楚地知道自己的音乐作品在哪些地方被使用，以及自己能够获得多少收益。

传统的版权收益分配模式通常会把音乐收益分配给几个主要参与者，如歌手、作词人和作曲人。而 NFT 音乐会把音乐收益分配给所有参与创作的人，包括编曲人、制作人、录音工程师等。这样，每一个参与音乐创作的人都能够从中获得报酬，并且收益分配更加公平。

NFT 音乐还可以通过智能合约来实现收益分配，如图 5.2 所示。智能合约可以记录音乐版权并自动执行收益分配，例如，当一首歌曲被使用时，智能合约可以自动把收益分配给所有参与创作的人。这样，音乐创作者就可以放心地将自己的作品交给智能合约管理，而不必担心自己的收益会被拖欠[①]。

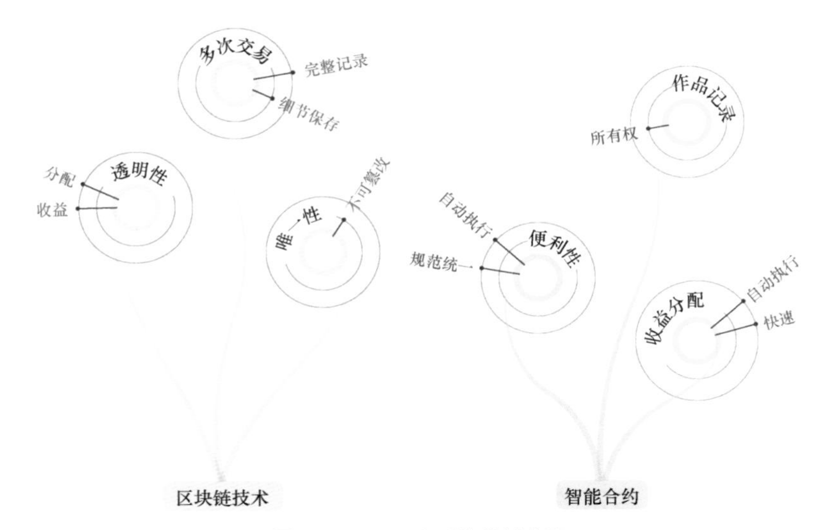

图 5.2　NFT 音乐的收益分配

① MAZUR M. Non-Fungible Tokens (NFT). The Analysis of Risk and Return[J]. SSRN Electronic Journal, 2021.

未来，随着 NFT 音乐的发展，我们可以预见它将会带来更多的变革。例如，它可以为音乐创作者提供更多的创作自由，让他们可以在不受传统版权限制的情况下创作出更多优秀的作品。此外，NFT 音乐也可以为音乐消费者提供更多的选择，让他们可以根据自己的喜好购买音乐。

NFT 音乐还可以为音乐产业整体带来巨大的改变。目前，音乐产业的主要收益是从流媒体平台和唱片公司那里获得的版税。而随着 NFT 音乐的普及，音乐创作者可以直接通过销售 NFT 音乐作品获得收益，这将给音乐产业带来新的收益渠道。

总的来说，NFT 音乐是一种具有巨大潜力的新技术，它将会为音乐创作者、消费者和整个音乐产业带来巨大的变革。在未来，NFT 音乐必定会得到更广泛的应用，并成为音乐行业发展的一个重要方向。

5.1.3 NFT 音乐的前景

NFT 音乐的前景非常广阔，如版权保护和收益保障。由于 NFT 音乐是通过区块链技术进行认证的，因此可以有效地防止他人抄袭或盗用作者的作品，作者可以通过将自己的作品存储在区块链上来证明自己对作品的所有权。通过在区块链上发行 NFT 音乐，作者可以直接与消费者进行交易，并通过手续费和交易收益获得收益。这与传统的音乐发行模式相比，作者可以获得更多的收益，并且可以更好地控制自己的作品。

在传统的音乐发行模式中，作者通常需要通过唱片公司或音乐经纪公司来发行自己的作品，并需要遵守各种限制和规定。而 NFT 音乐则没有这些限制，作者可以通过区块链直接发行自己的作品，并可以根据自己的意愿对作品进行定价和修改。这种自由创作的环境可以为作者提供更多的创作灵感，让作者更好地发掘自己的创作潜能。

中国移动通信联合会区块链专业委员会在 2021 年 5 月举办了第一届中国 NFT 及数字艺术品高峰论坛，对技术、数字艺术品、平台、行业发展等进行了探讨。但如果 NFT 的发布不受监管，那么其在国内未来的发展还是未知的。

5.2 NFT 游戏

简单来说，NFT 游戏就是以某种方式融入 NFT 的游戏。与其他形式的 NFT 不同，NFT 游戏不仅是在你的钱包中保存并加密，它们还伴随着玩家的互动、装备和武器的购买。NFT 游戏的魅力在于它创建了独特且有限的代币，这些代币可以与基于区块链技术的去中心化数字账本中存在的不可替代代币进行交换。这允许游戏玩家拥有真正的所有权，这些游戏玩家通过参与获得原生代币或收集 NFT，被授予这些数字资产的完全所有权和控制权，玩家们可以自由持有、购买或交易这些数字资产。而开发者则通过创建智能合约来制定所用 NFT 的规则。

5.2.1 NFT 与传统游戏

NFT 游戏与传统游戏之间的主要区别在于 NFT 游戏中的道具都是数字资产，并且每个道具都是唯一的、不可复制的。这意味着 NFT 赋予了游戏中的道具“唯一”的属性，并使其被当作商品交易。相比之下，传统游戏中的道具通常不具有这种唯一性，也不能被视为数字资产。传统游戏与 NFT 游戏对比如图 5.3 所示。

具体来说，NFT 游戏和传统游戏之间存在着很多不同之处。首先，NFT 游戏中的道具都是数字资产，并且每个道具都是唯一的、不可复制的，这意味着 NFT 游戏中的道具可以被购买、出售和交换。

其次，NFT 游戏的经济模型和传统游戏的经济模型不同。NFT 游戏通常支持去中心化的经济模型，这意味着玩家可以自己拥有和控制他们的道具，并可以直接从游戏中获得收益。例如，玩家可以通过出售自己的道具获得收益，或者通过参与游戏的内容创造和分享获得收益。相比之下，传统游戏通常采用中心化的经济模型，没有这种收益潜力，游戏开发商拥有和控制游戏中的道具，玩家无法直接从游戏中获得收益。

传统游戏		NFT游戏
道具通常不具备唯一性	道具	每个道具唯一、不可复制
通常采用中心化的经济模型	经济模型	通常支持去中心化的经济模型
通常无收益潜力，玩家无法直接从游戏中获得收益	收益潜力	支持去中心化意味着玩家可直接从游戏中获得收益
通常不支持玩家的交互和贡献且游戏内容通常由游戏开发商提供	社区和内容	通常有更强大的社区和更丰富的内容
通常单一且缺乏吸引力和持久性	玩法	通常支持多样化的玩法，例如收集、交易和竞技等
需要花费时间和金钱	模式	"游戏赚钱" P2E（Play to Earn，游戏赚钱）结构
通常较有限，缺乏吸引力和持久性	发展前景	支持更多样化的玩法和更丰富的内容

图 5.3　传统游戏与 NFT 游戏对比

此外，NFT 游戏和传统游戏在社区和内容方面也有所不同。NFT 游戏通常有更强大的社区和更丰富的内容，因为它们支持玩家之间的交互和贡献。例如，玩家可以创建自己的内容，并与其他玩家分享，从而丰富游戏的内容。相比之下，传统游戏通常不支持玩家的交互和贡献，并且游戏内容通常由游戏开发商提供[①]。

总而言之，NFT 游戏和传统游戏在道具、经济模型、收益潜力、社区和内容等方面都存在差异。NFT 游戏具有使用数字资产、去中心化、社区强大和玩法丰富等优点，提供了更丰富的内容和更好的体验，这使它们更有吸引力和持久性，具有更高的收益潜力和更大的发展前景。这些优

① SPARKS D L, SCHEFF S W, LIU H, et al. Increased incidence of neu-rofibrillary tangles (NFT) in non-demented individuals with hypertension[J]. Journal of the neurological sciences, 1995, 131(2): 162-169.

点使 NFT 游戏成了当今游戏行业发展的一个重要趋势。

5.2.2 4 款高人气 NFT 游戏

Axie Infinity 由 Sky Mavis 开发，是运行时间最长的区块链游戏之一，它是 P2E 领域市值最高的游戏之一。这是一个以口袋妖怪为灵感的开放式数字宠物世界，建立在以太坊上，借助 Ronin 侧链。用户可以操控 Axie 或幻想生物，它们可以战斗、被收集和饲养。这些 Axie 由 NFT 表示，每个 Axie 都有不同的特征决定其在游戏中的角色。虽然玩家可以免费注册，但需要支付初始费用：玩家必须先购买 Axie 才能开始玩游戏。这款游戏有两种可选的游戏模式：PVE（Player Versus Environment，玩家与环境）冒险模式；PVP（Player Versus Player，竞技场或玩家对玩家）模式。

Gods Unchained 是一款基于区块链的免费奇幻卡牌游戏，其灵感来自其他集换式卡牌游戏，例如万智牌和炉石传说。该游戏于 2019 年推出，基于 Immutable X——以太坊首个专门针对 NFT 的 ZK rollup（Zero Knowledge rollup，零知识汇总）。它提供无气体铸造和即时交易确认，这些关键功能可改善整体游戏体验。

The Sandbox 是一个开放世界、基于体素的免费 NFT 游戏平台，专为游戏玩家和创作者而设计。这个去中心化的游戏生态系统建立在以太坊之上，让人想起其他流行的传统网络游戏，如 *Minecraft* 和 *Roblox*。The Sandbox 包含 3 个主要组件：体素编辑器（VoxEdit）、市场和游戏本身。VoxEdit 是一种 3D 工具，允许任何人构建自己的基于体素的资产。该游戏有自己的市场，用户可以在其中自由交易和货币化他们的体素资产，称为 ASSET。该游戏还有一个创作系统，用户可以自己进行创作，收集资源，获得奖励和代币。这些组件允许用户根据他们的目标与平台进行交互。

DeFi Kingdoms 是一款基于像素的奇幻角色扮演游戏，其视觉风格类似于 *RuneScape*。*DeFi Kingdoms* 最初建立在 Harmony ONE 区块链上，现已迁移到其在雪崩子网 DFK Chain 上的 Crystalvale 扩

展。其最初的 Serendale 领域于 2022 年 11 月 21 日在 Klaytn 上重新启动。*DeFi Kingdoms* 被称为 DEX（Decentralized EXchange，去中心化交易所），采用 P2E 机制和游戏化元素构建。每个 NPC（Non-Player Character，非玩家角色）代表玩家与 DEX 互动的某种方式。例如，玩家可以通过 Trader 兑换货币，在 Druid 处创建 LP 代币，或通过 Vendor 交易物品。

4 款 NFT 游戏的对比如图 5.4 所示。

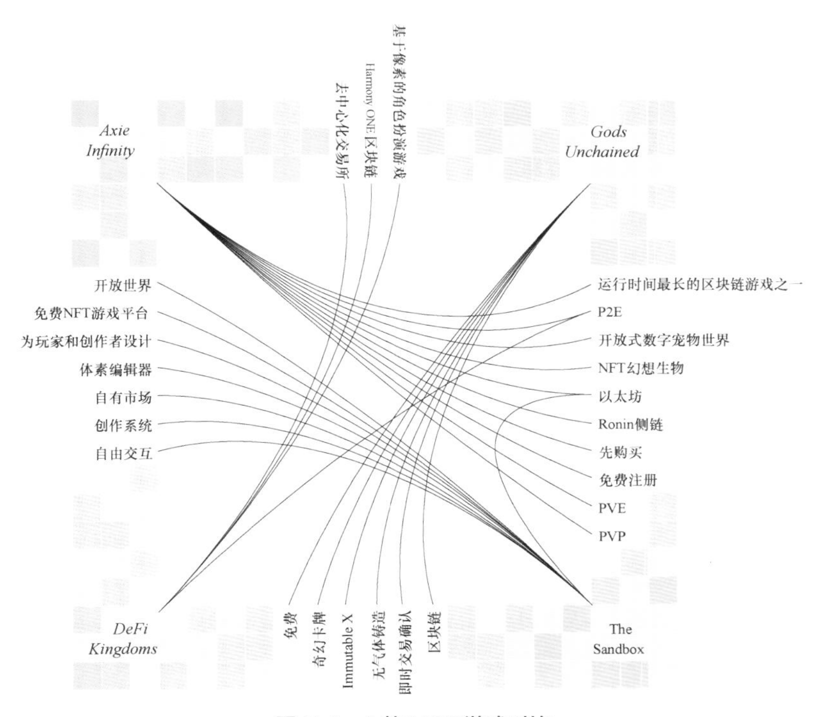

图 5.4　4 款 NFT 游戏对比

5.2.3　NFT 常见的游戏陷阱

NFT 是加密代币的一种形式，这意味着用户必须通过采用最佳实践并使用正确的软件（无论是在线还是离线）来处理它们以确保安全。与任何颠覆性技术相似，不太懂技术的用户普遍担心在尝试使用代币与区块链（NFT 游戏内部或外部）交互时丢失代币。用户必须知道，如果处理不当，可能会永远丢失代币[①]。可能导致丢失代币的常见陷阱如下。

- 成为骗局的受害者：恶意行为者可能会引导用户向他们发送代币，而无须支付或交换任何东西。区块链技术的匿名性使得这种情况几乎不可能逆转。
- 授权恶意智能合约访问用户钱包：这相当于恶意软件或存在病毒。
- 交易特定代币的用户之间的技术不兼容：不同的区块链网络并非都互相兼容。如果用户尝试在不兼容的网络之间进行交易，则代币可能会丢失。

5.2.4 游戏收益分配

NFT 游戏是一种比较新兴的游戏类型，它利用区块链技术来创建唯一的数字资产，并且这些数字资产可以被购买和出售。这种游戏在近几年取得了巨大的成功，并吸引了大量玩家和投资者。

在 NFT 游戏中，收益分配通常由游戏开发商来决定。这种游戏的收益分配模式通常会包括 3 个主要的方面：游戏开发商的收益、游戏玩家的收益和数字资产所有者的收益。

- 游戏开发商通常会获得游戏销售和交易所得的一定比例的收益。这种收益主要用于支持游戏的开发和维护，以及为玩家提供技术支持和客户服务。
- 游戏玩家也可以获得一定比例的收益。这些收益可能来自游戏中的抽成、游戏内部的虚拟商店交易、游戏中的活动奖励等。这些收益支持玩家在游戏中的各种活动，也可以让玩家有机会获得额外的数字资产或其他奖励。
- 数字资产所有者也可以通过交易获得收益。由于 NFT 游戏中的数

---

① DELORME A, MULLEN T, KOTHE C, et al. EEGLAB, SIFT, NFT, BCILAB, and ERICA: new tools for advanced EEG processing[J]. Computational intelligence and neuroscience, 2011.

字资产是唯一的，因此它们可能具有一定的收藏价值，其所有者可以通过交易所出售或交换来获得收益。

此外，NFT 游戏还有一种常见的收益分配方式是“收益权”分配，即每个 NFT 资产都会有一定的收益权，持有该 NFT 资产的用户可以按照收益权比例分配游戏收益。这种方式通常会在游戏中定期进行收益分配，并提供相应的查询功能。

NFT 游戏的收益分配方式为游戏开发商、游戏玩家和数字资产所有者提供了多种收益来源，有助于游戏的发展和吸引更多的玩家和投资者。NFT 游戏的收益分配方式通常都能满足用户的需求，为用户提供收益回报的途径。区块链将会继续影响游戏行业，更有可能的是，我们将迎来一个游戏和娱乐的新时代。

5.2.5 展望 NFT 游戏的未来

NFT 游戏是一种新兴的游戏模式，它将游戏中的物品作为唯一的数字资产进行交易。这种模式被认为可以更好地保护玩家的权益，并为游戏开发者增加更多的收益机会。然而，NFT 游戏也存在一些挑战，这些挑战可能会影响它的未来发展。

- NFT 游戏的成功与否取决于它能否获得足够的用户支持。目前，NFT 游戏仍然是一个相对较小的市场，并不是所有玩家都愿意参与这种游戏。为了解决这个问题，NFT 游戏开发者需要提供更加吸引人的游戏内容，并努力提高游戏的用户体验。只有通过这些手段，NFT 游戏才能吸引更多的用户，并获得更广泛的市场支持[①]。
- NFT 游戏面临着技术上的挑战。目前，NFT 游戏所使用的区块链技术尚未完全成熟，存在一些技术问题需要解决。例如，区块链网络的吞吐量还不够高，无法满足大规模的游戏交易需求；NFT 游戏的安全性也存在一定的问题，例如易被黑客攻击等。为了解决这些问题，NFT 游戏开发者需要不断探索新的技术方案，提高区块

① DONG Z, HARI S, GUI T, et al. Nonlinear frequency division multiplexed transmissions based on NFT[J]. IEEE Photonics Technology Letters, 2015, 27(15): 1621-1623.

链网络的吞吐量，以提高游戏的稳定性、可靠性和安全性。

- NFT 游戏面临着法律监管方面的挑战。NFT 游戏由于涉及数字资产的交易，因此受到相关法律法规的限制。NFT 游戏开发者需要与相关监管部门进行沟通，应在合规的前提下实现 NFT 游戏开发。

要想实现 NFT 游戏的未来发展，NFT 游戏开发者需要不断努力，提供更好的游戏内容，解决技术和法律监管方面的问题，为玩家提供更加完善的游戏体验。

5.3 数字藏品

数字艺术品、游戏道具和其他独特的数字内容可以通过区块链技术进行认证，以确保它们的唯一性。由于 NFT 可以代表一种独特的数字资产，因此它在数字藏品领域非常流行。如果你想要拥有一个独特的数字艺术品或游戏道具，那么购买 NFT 收藏品可能是一个不错的选择。NFT 收藏品的出现使得数字藏品成了一个真正的行业。许多人都开始购买 NFT 收藏品，以拥有一份独特的数字内容。NFT 收藏品也可以用于代表实体资产，如房产、汽车或艺术品[①]。除了将NFT 作为数字藏品，人们还可以将 NFT 用于更广泛的用途。例如，NFT 可以用作数字版权证明、数字身份证明、投票权证明等；NFT 可以用于某些游戏或应用中，作为游戏虚拟道具或应用内使用的货币。

NFT 具有无法被篡改的特点，这意味着你拥有的 NFT 收藏品永远都是真正的、唯一的。NFT 收藏品的出现为艺术家、音乐家和其他创作者提供了一种新的收益模式。他们可以创作独特的数字内容，并通过出售

① NADINI M, ALESSANDRETTI L, DI GIACINTO F, et al. Mapping the NFT revolution: market trends, trade networks, and visual features[J]. Scientific reports, 2021, 11(1): 1-11.

NFT 收藏品来获得收益。这是一个非常有吸引力的模式。

NFT 的发展前景非常广阔，它已经成了区块链技术在数字内容领域的一种重要应用。随着 NFT 在更多领域得到应用，它将会发挥越来越重要的作用。总的来说，NFT 收藏品是一种独特的数字资产，它可以通过区块链技术进行认证，确保唯一性。

5.3.1　购买与风险

购买 NFT 收藏品可能带来巨大的收益，但其具有一定的风险。NFT 收藏品具有唯一性，它不能与其他任何 NFT 进行替换或交换。NFT 收藏品还具有巨大的潜力，NFT 技术正在不断发展，它会在更多领域得到应用。随着 NFT 技术的发展，它们的价值可能会不断提高，并给购买者带来巨大的收益。如果购买者决定购买 NFT 收藏品，建议购买者在进行购买前，先对 NFT 市场进行充分的调研和了解，以降低风险。此外，NFT 收藏品具有不稳定性，例如 NFT 市场目前还处于较早的发展阶段，市场波动较大，价格也不稳定。因此，购买 NFT 收藏品需要耐心和长期的购买思路，不能急于求成。NFT 收藏品还面临技术难题，例如存储问题和交易手续费问题。目前，NFT 的存储需要消耗大量的算力和存储空间，导致交易手续费较高。这些问题需要相关技术人员进行解决。

总的来说，购买 NFT 收藏品可能带来巨大的收益，但具有一定的风险。如果用户决定购买 NFT 收藏品，建议用户在进行购买前，先对 NFT 市场进行充分的调研和了解，并有长期购买的思路。另外，还要注意技术难题的解决，以确保 NFT 技术的可持续发展[①]。

5.3.2　类别与区分

NFT 收藏品可以用来代表艺术作品、游戏道具等数字内容。这些内容通常都有一些共同的特点，例如它们都是唯一的、不可替换的、具有某

---

① VAILLANT N, MONNET F, SALLANON H, et al. Treatment of domestic wastewater by an hydroponic NFT system[J]. Chemosphere, 2003, 50(1): 121-129.

种历史意义或文化价值的。

NFT 收藏品可以分为许多不同的类别，这些类别的差异主要体现在它们的形式、内容和历史意义上。下面将从这 3 个方面对 NFT 收藏品进行分类。

NFT 收藏品可以根据形式进行分类。这里所指的形式是收藏品在虚拟世界中的表现方式。有些 NFT 收藏品是以图片的形式展示的，它们代表的是艺术作品或摄影作品；有些 NFT 收藏品是以音频或视频的形式展示的，它们代表的是音乐作品或电影作品；还有些 NFT 收藏品是以 3D 模型的形式展示的，它们代表的是游戏道具、建筑模型、虚拟人物和服饰等。

NFT 收藏品可以根据内容进行分类。这里所指的内容是 NFT 收藏品代表的具体信息或故事。有些 NFT 收藏品代表的是真实发生过的事件；有些 NFT 收藏品代表的是虚构的故事，例如某个热门游戏中的情节或某部电影中的剧情；还有些 NFT 收藏品代表的是具有文化意义的内容，例如传统的民间艺术品或原住民的传说故事。

NFT 收藏品还可以根据历史意义进行分类。这里所指的历史意义是具有重要性或影响力的历史。有些 NFT 收藏品是一种标志象征，例如某个象征物品；有些 NFT 收藏品代表一个文化流派，例如某种艺术风格、音乐流派等；有些 NFT 收藏品代表一些重要贡献，例如某个科学发现、技术创新等。

NFT 收藏品涵盖了各种不同的数字内容，具有独特的价值和意义。因此，NFT 收藏品已经成了当今社会中重要的文化现象。它不仅为艺术家、游戏开发者和音乐人提供了一个展示作品和宣传自己的渠道，也为收藏爱好者提供了一个获取和交易独特艺术品的途径。同时，NFT 收藏品对数字货币和区块链技术的发展产生了重要的影响，它为这些领域带来了新的应用场景和商业模式，促进了数字经济的发展和创新[①]。

在数字化时代，NFT 收藏品无疑是一个值得关注和研究的话题。它

① ANTE L. The non-fungible token (NFT) market and its relationship with Bitcoin and Ethereum[J]. SSRN Electronic Journal, 2021.

不仅具有重要的文化价值和经济价值，还提供了一个探索数字资产的新的突破口。在研究 NFT 收藏品的过程中，我们需要从多个方面进行分析。

我们需要了解 NFT 收藏品的历史渊源，包括它们的背景、发展过程和发展趋势等。这将有助于我们了解 NFT 收藏品是如何产生的，以及预测它的未来发展趋势。我们需要研究 NFT 收藏品的技术原理，包括它是如何在区块链上进行存储和交易的。这将有助于我们了解 NFT 收藏品的本质特征，以及评估它的安全性。我们还需要对 NFT 收藏品的市场情况（包括它们的交易量、交易价格和交易对象等）进行分析。这将有助于我们了解 NFT 收藏品的市场行情，市场行情能够为参与 NFT 收藏品交易的人提供有价值的参考。我们还需要对 NFT 收藏品的文化意义进行探讨，具体如它对于艺术家、游戏开发者和音乐家的影响，以及它对于数字经济和区块链技术的发展的贡献。这将有助于我们了解 NFT 收藏品的文化价值和社会意义，让我们能够更好地参与 NFT 收藏品的交易。

总而言之，NFT 收藏品是非常有意思的，它具有重要的文化价值和经济价值。在研究 NFT 收藏品的过程中，我们需要从多个方面进行分析，以了解它的历史渊源、技术原理、市场行情和文化意义。只有通过这样的分析，我们才能真正理解 NFT 收藏品的本质，并且能够更好地参与 NFT 收藏品的交易。

5.3.3 比较热门的 NFT 收藏品

NFT 是一种不可分割且独一无二的数字凭证，能够映射到特定资产，将该特定资产的相关权利内容、历史交易流转信息等记录在其智能合约的标示信息中，并在对应的区块链上给该特定资产生成一个无法篡改的独特编码，确保其唯一性和真实性。NFT 收藏品可以应用于任何需要唯一认证的领域，包括艺术品、游戏、产权认证等，6 款 NFT 收藏品的特点和时间线如图 5.5 所示。

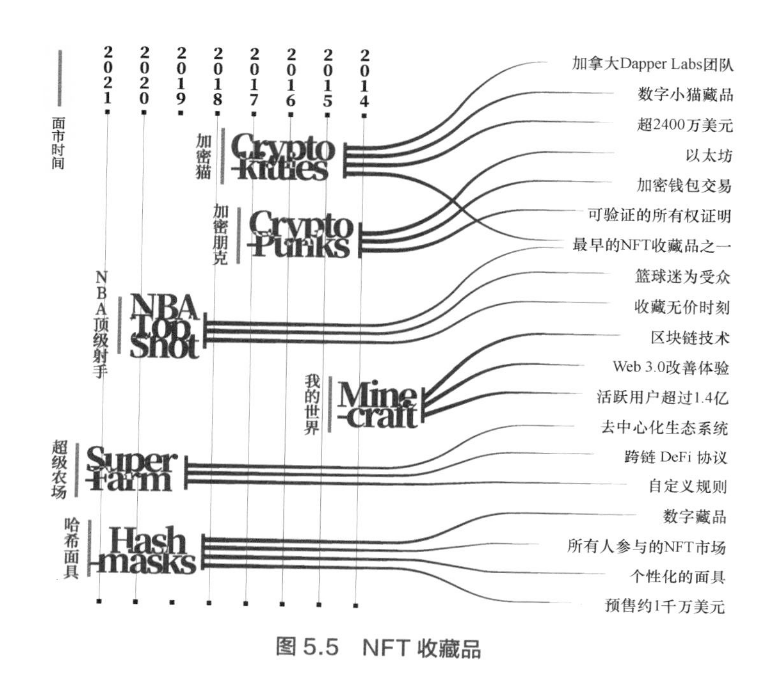

图 5.5 NFT 收藏品

1. CryptoKitties

CryptoKitties 是一款以游戏为中心的 NFT 收藏品，它于 2017 年 11 月下旬在以太坊上发布。CryptoKitties 是加拿大 Dapper Labs 团队开发的 NFT 收藏品，是口袋妖怪卡片的数字版本。玩家可以拥有、收集和出售数字小猫，每只猫都是独一无二的。许多人通过收养、饲养和销售数字小猫来赚钱。

这些猫更类似于现实世界中的收藏品，例如 NBA 球星卡。就在最近几个月，围绕这些 NBA 球星卡形成了一个由第三方站点和服务组成的社区。它的粉丝们已经花费了超过 2400 万美元。

2. CryptoPunks

CryptoPunks 是市场上的 NFT 收藏品之一，它在以太坊上提供 10 000 个独特的收藏品角色。这个基于以太坊的 NFT 项目始于 2017 年，是最

早的 NFT 收藏品之一。CryptoPunks 存储在以太坊上，你可以使用加密钱包交易 CryptoPunks。NFT 收藏品为每项 NFT 资产提供可验证的所有权证明。

3. NBA Top Shot

NBA Top Shot 是通过启动 NFT 热潮而广泛创造的。NBA Top Shot 是最早的、最受欢迎的 NFT 收藏品之一，它包含供篮球迷购买、出售和交易官方授权的视频集锦。人们可以以 NFT 的形式交易他们最喜欢的球员的无价时刻。

NFT 收藏品本质上是通往粉丝圈未来的数字门票。人们可以拥有它们并在市场上出售它们，使用它们玩每周游戏并赢取奖品。人们还可以通过持有这些 NFT 收藏品来解锁对 NBA 和 WNBA 现场体验的访问权限。

4. *Minecraft*

得益于区块链技术，*Minecraft* 已经进入 Web 3.0 和 NFT 世界。*Minecraft* 的数字藏品是顶级的 NFT 收藏品之一。微软于 2014 年收购了这款流行的多人游戏。两名与微软无关的开发者使用以太坊侧链 Polygon 在 *Minecraft* 上构建了一个区块链层。

Minecraft 上的区块链层使玩家能够利用 Web 3.0 功能，例如数字商店，他们可以在其中购买独特的物品以改善他们的 *Minecraft* 体验。此外，这款 NFT 收藏品拥有庞大的玩家基础，活跃用户超过 1.4 亿。

5. SuperFarm

SuperFarm 是一个去中心化的生态系统，允许用户创建、收集、交易和种植 NFT。它使用跨链 DeFi 协议，旨在通过将代币转变为 NFT 农场来为代币带来实用性。用户可以在 SuperFarm 部署新农场并使用自定义规则来激励他们在经济中最看重的行为。

6. Hashmasks

Hashmasks 是一个由全球 70 多位艺术家创作的生动的数字藏品，

它收藏了数以千计的高端 NFT。Hashmasks 市场是 NFT 创作者、收藏者和交易者都能够进入的 NFT 市场。

Hashmasks 中每个面具都有一个独有的特征，例如肤色、角色、眼睛颜色等。这个 NFT 收藏品项目是一个大项目，预售额约为 1 千万美元。尽管 NFT 收藏品席卷了以太坊世界，但多年来 Hashmasks 一直在积聚势头。

5.3.4 从价值到未来

NFT 收藏品的价值主要体现在如下 3 个方面。

- NFT 收藏品的唯一性是它们的核心价值。NFT 技术使得数字资产变得独一无二，这对于收藏者，尤其对于收藏珍贵的数字艺术品的收藏者，是非常有吸引力的。
- NFT 收藏品的可信性是它们的重要价值所在。这对那些希望拥有真正的、唯一的数字资产的收藏者而言，是非常有吸引力的。
- NFT 收藏品的交易方便性也是它们的价值所在。由于 NFT 是通过区块链技术认证的，因此交易过程非常安全。这使得 NFT 收藏品的交易更加方便、快捷，也更能保证收藏者的利益。

综上所述，NFT 收藏品的价值主要体现在它的唯一性、可信性和交易方便性 3 个方面。它的唯一性使得收藏者可以拥有独一无二的数字资产；它的可信性保证了数字资产的真实性和唯一性；它的交易方便性使得交易过程更加安全、快捷。因此，NFT 收藏品在数字藏品领域具有广阔的前景，并为收藏者带来了巨大的价值。

在未来，NFT 收藏品将会在以下 3 个领域得到广泛的应用。

- 艺术品领域。目前，NFT 已经成了数字艺术品的主要交易方式，许多艺术家通过 NFT 发行和销售他们的作品。随着 NFT 技术的发展，艺术家们将能够创造出更多具有独特性和个性的数字艺术品，并通过 NFT 进行交易。这将为艺术家们带来更多收益，也为收藏者提供更多的选择。
- 游戏领域。目前，许多游戏都使用 NFT 来代表游戏道具，例如游戏中的武器、装备等。随着 NFT 技术的发展，游戏开发者们将能够创造出更多具有独特性和个性的游戏道具，并通过 NFT 进行交易。这将为游戏玩家们带来更多乐趣，也为游戏开发者们带来更多收益。

- 其他领域。例如，NFT 可以用于代表品牌标识、版权证明等。随着 NFT 技术的发展，这些领域的企业和机构将能够利用 NFT 来保护和管理它们的品牌和版权。目前，我国对于 NFT 的态度是不支持直接或间接投资 NFT，并且不为投资 NFT 提供融资支持。

5.4 NFT 资产

NFT 资产有很多种，下面将介绍 NFT 实体资产、NFT 金融资产、NFT 房地产等。

5.4.1 NFT 实体资产

NFT 实体资产是一种基于区块链技术的数字资产，用来代表现实世界中的某一个独特物品。这些物品是各种各样的，包括艺术品、收藏品、电子游戏物品等。NFT 实体资产具有不可复制、不可更改的特性，可以通过区块链上的数字钱包进行交易。

NFT 实体资产的出现为现实世界中的物品提供了一种新的交易方式，使得这些物品的交易更加安全、透明和可信。例如，在过去，艺术品的交易可能会受到伪造、盗窃等问题的困扰，而随着 NFT 实体资产的出现，可以通过区块链技术的不可篡改性，来保证交易的安全性。

NFT 实体资产还可以增加物品的价值。由于 NFT 实体资产是不可复制的，它所代表的物品就具有了独特性，这将增加物品的价值。这对于艺术品等拥有极高收藏价值的物品，尤其有利。

5.4.2 NFT 金融资产

NFT 金融资产是不可复制的，每个 NFT 金融资产都具有唯一性。NFT 金融资产的优势在于它拥有独特的数字特征，这使得它在数字资产交易中具有无与伦比的优势。它不仅可以用来代表独特的数字资产，还可以用来防止数字资产被盗用。此外，NFT 金融资产还可以用来创建更加安全和可靠的数字资产交易环境[①]。

目前，NFT 金融资产已经在许多不同的领域得到了广泛的应用，如艺术品交易、收藏品交易、音频和视频交易等，它的出现为这些领域的发展带来了强大的推动力。

5.4.3 NFT 房地产

NFT 房地产是虚拟世界中一块可编程的土地，用户可以使用他们的 3D 化身进行探索。在元宇宙中，用户可以购买与特定地块相关联的 NFT，以代表其资产的所有权。用户可以使用所有权做什么取决于项目。例如，在 Decentraland 中，用户可以开发土地、参加活动、参与社交等。

与其他 NFT 类似，元宇宙中推动房地产价格的主要因素是效用、项目细节和位置。人们通常会使用他们在元宇宙中的资产来举办活动和会议，甚至将其用作广告空间，前提是房地产所在的区域有足够的人流量。如果你的 NFT 房地产处于人流聚集的区域，可能比不起眼区域的虚拟资产更有价值。例如，随着 Skechers 等品牌在元宇宙中开设虚拟店面，The Sandbox 和 Decentraland 中的价值不断增加。由于需求旺盛，Decentraland 和 The Sandbox 等流行平台上的 NFT 房地产往往价值更高。与较小的平台相比，人们对这些平台的兴趣要高得多，因此，它们的用户群体要大得多。

---

① LIAO M, HEDLEY M, WOOLLEY D, et al. Copper uptake and translocation in chicory (Cichorium intybus L. cv. Grasslands Puna) and tomato (Lycopersicon esculentum Mill. cv. Rondy) plants grown in NFT system. I. Copper uptake and distribution in plants[J]. Plant and soil, 2000, 221(2): 135-142.

5.4.4　NFT 如何影响传统产业

以房地产行业为例，在元宇宙中购买房地产的过程与购买 NFT 的过程大体相似，用户可以通过两种主要方式购买虚拟世界中的 NFT 房地产：直接从项目平台购买，或从 Binance NFT 等 NFT 市场二手购买。

大多数流行的元宇宙平台，例如 The Sandbox 和 Decentraland，都在以太坊上运行。这意味着交易是使用 ETH 进行的，每个资产的所有权契约都是区块链上存在的一段独特代码，并作为 NFT 出售。

下面重点介绍 NFT 可以使房地产行业受益的 4 种方式，如图 5.6 所示。

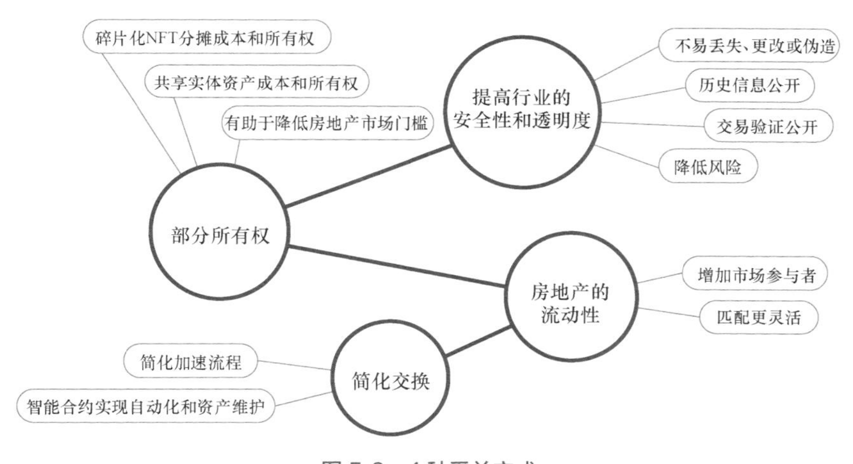

图 5.6　4 种受益方式

- 提高行业的安全性和透明度。以纸质形式签发的资产所有权契约的一个缺点是它很容易丢失、更改或伪造。实体资产的 NFT 化可以使买卖房地产更加高效和安全。由于 NFT 存储在区块链中，任何人都可以跟踪其所有权历史和之前的交易来验证其真实性。此外，由于区块链的不可篡改性，将所有权契约或任何其他文件铸造成 NFT 可以大大降低恶意行为者伪造文件的风险。
- 部分所有权。在 NFT 世界中，术语“碎片化”通常是指分摊收藏品或数字艺术品的成本和所有权。在现实世界中，碎片化的 NFT 可以让多人共享房地产等实体资产的成本和所有权。将资产的部分所有权铸造为 NFT 可能有助于降低房地产市场的门槛。

- 房地产的流动性。流动性可能影响房地产的价值，因为可能很难将合适的买家与合适的房产相匹配。然而，由于区块链技术是无国界的，它可以通过增加市场参与者的数量来向全球买家开放房地产市场。
- 简化交换。因为 NFT 存在于去中心化的区块链上，所以每个人都可以访问交易和所有权历史记录。此外，与资产易手相关的机构和流程可以在智能合约的帮助下实现自动化和资产维护。

5.5 NFT 认证

NFT 认证是指进行 NFT 交易时对 NFT 进行鉴定和验证的过程。这通常包括确定 NFT 是否真实、唯一和可验证，以及 NFT 是否符合所有相关法律和行业标准。

NFT 认证是可以确保交易的参与者对 NFT 的真实性和合法性有信心。这对于保护交易参与者的利益至关重要，因为如果 NFT 是假的或不合法的，那么交易可能会被取消或者被视为无效。在 NFT 的基础上，区块链技术被用作认证和验证。当一个数字艺术品或资产被转化为 NFT 时，它会被记录在区块链上的分布式账本中，其中包含关于该资产的信息、所有权和交易历史。这意味着任何人都可以通过区块链浏览器查看和验证一个 NFT 的铸造和交易记录。

当然，对于艺术品或其他收藏品的真实性和价值鉴定，仍然可以依赖传统的专家和鉴定机构的意见。这些专家可能会对作品的艺术价值、作者身份、艺术史背景等进行评估和认证。然而，这些专业鉴定并非针对

NFT 本身的技术认证，更多地涉及对作品本身的艺术价值和历史价值的评估，他们会使用严格的流程来确定 NFT 的真实性和合法性。这可能包括使用特殊的技术工具来检查 NFT 的数字签名或邀请法律专家来确定 NFT 是否符合当地的法律规定。

5.5.1　实体收藏品认证

NFT 实体收藏品认证指的是对实体收藏品进行认证，并使用 NFT 技术来记录认证信息。NFT 实体收藏品认证可以帮助验证收藏品的真实性、品质和历史意义，并为购买者提供保护[①]。通常，NFT 实体收藏品认证流程如图 5.7 所示。

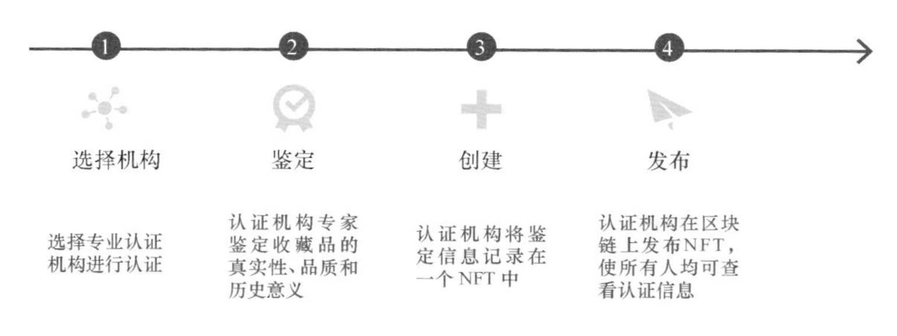

图 5.7　NFT 实体收藏品认证流程

通过 NFT 实体收藏品认证，买家可以确保所购买的收藏品是真实的、高品质的、具有历史意义的。NFT 技术已经解决了许多实体收藏品的问题，甚至可能改善我们未来存储和收藏有价值物品的方式。

5.5.2　知识产权认证

NFT 知识产权认证是指通过 NFT 来认证数字内容的独特性和所有权。NFT 通常使用区块链技术来创建和管理，可以用来认证各种数字内容，包括艺术品、游戏物品、音乐、文章、虚拟土地等。

① VASAN K, JANOSOV M, BARABÁSI A L. Quantifying NFT-driven networks in crypto art[J]. Scientific reports, 2022, 12(1): 1-11.

NFT 的独特性在于它是不可再生的，并且是可以唯一确定的。这意味着，如果你拥有一个 NFT，你就是这个 NFT 的唯一所有者。NFT 知识产权认证可以用来保护创作者的知识产权，并确保他们对自身的作品享有合法的所有权。

5.5.3 数字身份认证

NFT 利用区块链技术的安全性、透明度和不可篡改性，成为一种可信的数字身份认证方式。在数字媒体中，数字身份认证和授权是确保用户能够访问和使用特定的数字内容、平台或服务的关键要素。NFT 可以用来认证数字媒体的独特性和所有权。NFT 通常存储在区块链钱包中，可以用来表示某人对某一数字资产的所有权。例如，一个艺术家可以使用 NFT 来认证他的艺术品的唯一性和所有权，然后将其出售给购买者，购买者可以将 NFT 存储在钱包中，并在需要时使用它来证明自己对艺术品的所有权。

5.5.4 数字票据认证

NFT 可以理解为一种数字票据，包含有关数字资产的信息，如资产的名称、拥有者、历史记录和其他元数据。NFT 通常使用区块链技术来创建和维护。区块链技术利用密码学和数学原理，在不同的节点之间创建了一个安全的、可验证的记录。这意味着，如果想要更改区块链上的信息，就必须对整个区块链进行修改，这是非常困难的。

数字票据认证通常用于数字艺术品、收藏品和游戏道具等数字资产。例如，可以使用 NFT 来验证一件数字艺术品的唯一性，并确保其原作者是唯一的拥有者，这使得数字艺术品和收藏品可以在线上进行交易，并具有类似实体艺术品和收藏品的价值；还可以使用 NFT 来验证游戏道具的唯一性，并确保其所有者是唯一的拥有者，这使得游戏道具可以在线上进行交易，并具有类似实体收藏品的价值。

第 6 章

NFT 的产业与生态

本章会延续第 4 章介绍的 NFT 技术栈中的技术来描述技术所构成的 NFT 生态。本节将分为两部分：第一部分包括区块链的应用、以太坊智能合约的应用和链上与链下元数据的应用，比较不同种类应用的优缺点；第二部分涵盖 NFT 本体和共同发展的 Web 3.0 与元宇宙，最后介绍最下游的整个 NFT 生态链。

6.1 NFT 的技术生态

在第 4 章中，我们简单地介绍了支撑 NFT 运行的各种技术栈。本节将延续前文的思路来介绍运用了技术栈中技术运行的 NFT 项目，包括区块链、智能合约和链上与链下元数据这 3 种技术。

6.1.1 区块链的应用

区块链分为公有链、联盟链、私有链 3 种。相对来说，越靠近公有链，对节点的认证和权限管理要求越少，去中心化程度越高；越靠近私有链，对节点的认证和授权管理程度越高，中心化程度越高。图 6.1 展示了

3 种区块链在应用上的区别。

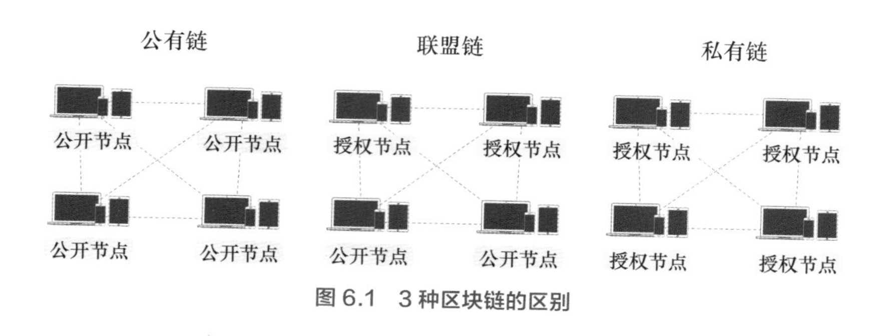

图 6.1　3 种区块链的区别

1. 公有链的应用：Foundation

Foundation 是一个为年轻艺术家提供机会的 NFT 数字艺术品平台。它旨在建立一个新型的创意经济平台，一个能够优化以太坊的世界。在这个平台中艺术家不仅能够以全新的方式评估作品，还能够与他们的支持者建立更紧密的联系。Foundation 和其他大多数 NFT 交易平台一样，在以太坊上运行智能合约。它允许用户轻松地铸造、销售和购买 NFT 数字艺术品，也允许一级市场和二级市场的买卖。在买卖的过程中，Foundation 对一级市场和二级市场的交易收取比例为 10%~15% 的服务费。

和其他 NFT 交易平台不同，Foundation 采用注册制的封闭模式。新用户需要会员的邀请才能够创建 NFT。虽然用户也可以在没有被邀请的情况下注册，但他们在平台上的活动是受限的。Foundation 认为采用这种模式能够确保在其平台上铸造的艺术品具有独创性和高质量。

Foundation 的注册制为这个项目带来了许多好处。Foundation 以社区为中心的组织形式和封闭的注册制能够尽可能地保证其平台中作品的质量。在支持铸造 NFT 的同时 Foundation 经营着一级市场和二级市场。这让销售和转售 NFT 变得更加容易。Foundation 也利用社交媒体和网络社区同其他创作者建立联系，从而拉近和以太坊支持的其他平台的关系，如 OpenSea 或 Rarible 等。

Foundation 也有一些缺点，具体如下。

- 收费较高。除了正常的汽油费，在 Foundation 上销售或转售 NFT 需要支付额外的服务费。
- 注册制限制了社区的发展。例如，2022 年 11 月只有 48 名艺术家加入了 Foundation，和其他火热的 NFT 交易平台相比，这个数量显然太少了。
- Foundation 中的 NFT 无法添加额外的内容。因此收藏者们无法为艺术作品制作额外的高分辨率版本。

数据显示，2022 年 11 月，Foundation 的 ETH 协议在过去 30 天内实现了 82 次销售。Foundation 拥有 48 名用户，交易额约为 3530 万美元，在过去 30 天内交易额增长了 100%。其中，Foundation NFT dApp 的销售总体看涨，它在 ETH 类别中排名第 27 位。Foundation dApp 是基于以太坊协议构建的加密资产，它在 dApp 总排名中排名第 34 位，在 Marketplace 类别中排名第 2 位。Foundation dApp 在 2022 年 11 月的余额约为 1.13 万美元，成交额约为 390 万美元，在一个月内产生了约 43 000 笔交易。

2. 联盟链的应用：MixMarvel

MixMarvel 是世界领先的区块链内容孵化平台和创作者社区。它整合了世界多个知名 IP 和优质内容。通过资产分配、内容发布、DeFi 工具、基础设施、社区共创等多元化的场景，MixMarvel 将虚拟空间创业者、大众用户和投资者连接到一个新的生态系统中，其中包括 NFT 项目、网络基础设施等全面的服务。2020 年 4 月，MixMarvel 和蚂蚁开放联盟链达成协议，共同推出了联盟链游戏 *HyperSnakes*。

蚂蚁开放联盟链具有以下功能特性。

- 公有许可机制。联盟链为广大开发者和中小微企业提供服务，联盟参与方加入需经过许可，权威公正，无须建链即可享受蚂蚁区块链服务。
- 生态服务共建。联盟链用户均可参与服务设计与输出，共享生态收益、承接开放联盟链提供的阿里经济体流量和服务。

- 优秀的开发工具。蚂蚁区块链提供 Cloud IDE（Integrated Development Environment，集成开发环境）及智能合约开发模板、多语言 SDK（Software Development Kit，软件开发工具包）集成服务，以及功能强大、丰富多样的中间件。
- 基础能力强大。蚂蚁区块链支持分布式数字身份，支持链上统一积分，提供强大的隐私计算能力，提供企业身份认证、实人认证、内容安全、金融级风控等能力。

3. 私有链的应用：Hinata

Hinata 是日本 FUWARI 公司开设的 NFT 交易平台。Hinata 的特殊之处在于它使用的是私有链而不是常见的公有链或是联盟链，因此 Hinata 有着更快的交易速度和更强的安全性。Hinata 的特点可以归纳为 3 点：传达创作者思想的媒体管理、环保和智能使用。

- 传达创作者思想的媒体管理。目前很多用户使用的 NFT 交易平台偏向高价值炒作，它们大多只是简单地将作品上架交易市场来快速赚钱。即使作品的价值能够得到保证，用户却不知道谁是卖家、卖家们抱有怎样的想法，因此很难产生购买的欲望。现在的网络上有很多创作者和策展人会在社交媒体展示自己的作品同时写下自己的想法，这样可以获得关注来让自己的作品价格更高。Hinata 不仅是一个数字艺术交易的平台，更是一个专注于通过媒体经营来传递创作者在作品中投入的思想和故事的平台。在 Hinata 平台上，用户能够了解作品的魅力和项目理念的深度，感受到其价值。
- 环保。区块链相关服务中一个离不开的问题就是公有链形成所伴随的成本和能耗问题。2017 ～ 2018 年，全球区块链相关的用电量竟然相当于智利全年的用电量。Hinata 可以降低能耗。
- 智能。Hinata 的第三个特点是它可以比其他平台更智能。Hinata

采用公钥和私钥的模式进行登录，有助于维护信息安全。私钥是仅由用户持有的密钥，和私钥配对的密钥称为公钥。当黑客对服务器进行攻击时，黑客只能获得公钥的信息。即使公钥被攻破也不会导致用户信息泄露或是链上信息被改写。

6.1.2　以太坊智能合约的应用

常用的以太坊智能合约有 ERC-20、ERC-721、ERC-1155 和 ERC-998。除了以太坊智能合约，还有其他的一些 NFT 标准正在出现。例如，由 Mythical Games 团队开创的 dGoods 和 Cosmos 标准等。

1. ERC-20 的应用：以太坊

以太坊始于维塔利克 · 布特林（Vitalik Buterin）在 2014 年发表的白皮书。中本聪提供了一个结合非常简单的去中心化共识协议的想法，该协议基于节点每 10 分钟交易组合成一个“区块”，创建一个不断增长的区块链，并将工作量证明作为一种机制，节点通过该机制获得发布区块的权利。然而，这个区块链遗漏了导致其无法编程到计算机的重要功能，即比特币脚本语言并非图灵完备的。此外，比特币本身没有存储足够的关于其自身交易的信息——以太坊白皮书称之为价值盲、缺乏状态和区块链盲。

Vitalik 给出的解决方案是创建一个全新的区块链，它可以与任何数据操作规则集一起工作（即具备图灵完备性），并可以存储有关其交易的细粒度数据。以太坊白皮书中给出了以太坊更具技术性的定义：一个内置图灵完备编程语言的区块链，允许任何人编写智能合约和去中心化应用，在那里他们可以为所有权、交易格式和状态转换函数创建自己的任意规则。该白皮书初步搭建起以太坊的架构。2014 年，开发者加文 · 伍德（Gavin Wood）与 Vitalik 接洽并成功编写代码，区块链才真正建立起来。同年，以太坊预售启动，预售额为 1830 万美元。2015 年 7 月，以太坊的第一个区块或“创世纪区块”诞生。

2. ERC-721 的应用：CryptoKitties

CryptoKitties 是一个使用 ERC-721 智能合约标准的基于以太坊和智能合约的项目。CryptoKitties 运行在以太坊节点的分布式计算机网络上。它使用一种以太加密货币而不是比特币作为令牌。在游戏内完成购买等操作后，每名玩家会获得一只电子猫咪，也被称为“CryptoKitty”。CryptoKitties 是构建在以太坊上的数字资产，从技术上讲，存储在以太坊上的每只电子猫咪都是唯一的。

每只电子猫咪都有一系列的特征让它们与众不同。这些特征结合在一起让每只电子猫咪都拥有独特的外观。一些电子猫咪会拥有更罕见的特征，这让它们的价格也更加高昂。电子猫咪可以像任何其他数字资产一样进行交易。第一只电子猫咪“创世猫”于 2017 年 12 月 2 日诞生，在那之后每 15 分钟就有一只新的初代猫诞生，2018 年 11 月最后一只初代猫诞生。这就意味着所有新的电子猫咪都通过初代猫的繁殖产生。

玩家可以让两种不同的电子猫咪繁殖以获得一只新的电子猫咪。每只电子猫咪都拥有自己的独特的数字基因组，存储在智能合约中。设置好的遗传算法会让后代产生新的特征，例如新的视觉外观或大小等。繁殖过程以及所有对电子猫咪的操作都需要通过以太坊和智能合约进行。

3. ERC-1155 的应用：Enjin

Enjin 是一家总部位于新加坡的科技公司，它为游戏开发者提供创建内容、设计、存储和交易的开发平台。Enjin 起初是由 ERC-20 协议支持的代币，然后建立了自己的专属区块链工具和服务。2018 年，该公司成功推出了一款名为 Enjin 的区块链钱包。

不幸的是，ERC-20 和 ERC-721 被发现有几个局限性。Enjin 认为如今使用的不可互换的代币定义了一类新的用户拥有的虚拟物品。然而现有的代币模型存在许多问题，例如使得部署主流游戏使用的大型代币数据库非常昂贵且效率低下。新的 ERC-1155 协议允许通过单个合约部署无限数量的可互换和不可互换的代币，它是轻量级的，对大多数网络更加容易处理。

过去，单个代币由单个合约定义。游戏玩家之间的物品交换通常需要多达 4 个单独的步骤，因为以太坊的网络会分别批准和处理每个交易的物品。ERC-1155 可以通过将多个项目组合在一起来减少互换之间的等待时间以允许同时进行多个交易，从而将曾经的 4 步简化为 2 步。在推出 ERC-721 代币之前，ERC-20 代币主要用于游戏，两者随后都被认为效率很低。因为它们铸造的每个令牌实际上是相同的，每个令牌都包含重复数据。用户也无法在任何代币上添加出处、历史或身份信息。ERC-721 允许创建独一无二的代币，让游戏开发者可以选择是批量生产特定类型的代币，还是构建无法复制的独特代币。

4. ERC-998 的应用：*CryptoRome*

由 GigLabs 团队构建的 *CryptoRome* 是第一款基于 ERC-998 标准的 NFT 游戏。这一突破使玩家不仅可以购买村庄，还可以通过单一的所有权标记来发展国家。和传统的以太坊标准相比，ERC-998 的资产管理更简单，成本更低，资产价值更高。ERC-998 也许将在未来成为更多 NFT 游戏的以太坊标准基础。

相比基于 ERC-998 标准打造的游戏，基于 ERC-721 协议打造的游戏会对玩家的批量操作造成极大的不便。因为 ERC-721 的特性让每个物品都独一无二，玩家必须对物品逐个进行操作，对玩家来说，时间成本变相增加了许多。

ERC-998 的可组合 NFT 标准提供了一种更好的方式帮助玩家进行批量操作。在游戏内，玩家可以获取大量土地并进行管理、转让和改善。为了组建城市，玩家需要有一种方法将土地组成更大的城市，每一块土地就是一个 NFT。在成功组建一座城市后，玩家可以凭借拥有城市间接拥有其潜在的土地 NFT。通过 ERC-998，玩家只需要一次区块链交易就可以将整个城市出售或转让给另一个玩家，将若干个 NFT 一次性易手。

图 6.2 将 4 种常用的以太坊智能合约（ERC-20、ERC-721、ERC-1155 和 ERC-998）整合并做了对比。

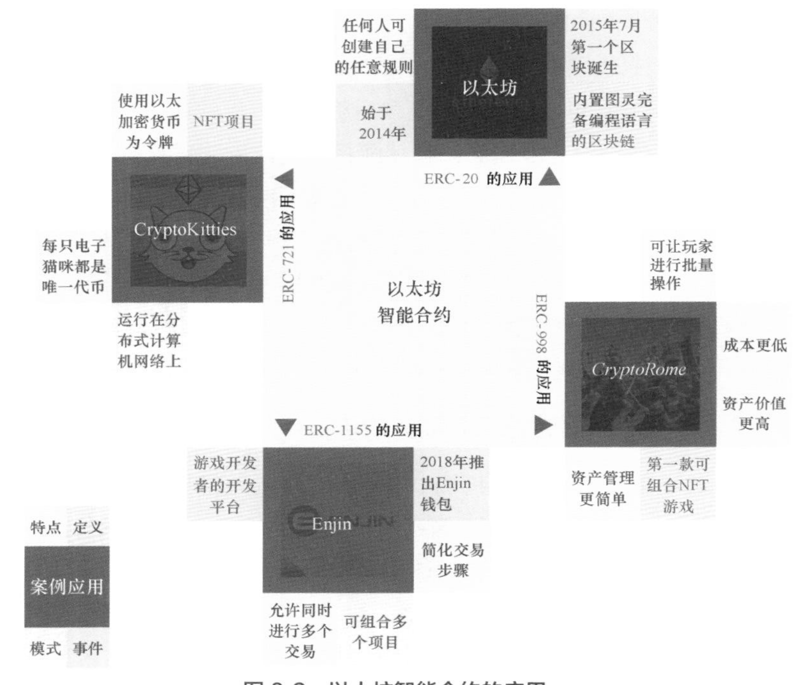

图 6.2　以太坊智能合约的应用

6.1.3　链上与链下元数据的应用

对 NFT 的开发者们来说，需要先做的决定是在链上还是链下存储元数据，即要么将元数据直接嵌入代币的智能合约中，要么单独托管它。

1. 链上元数据的应用：OnChainMonkey

OnChainMonkey 是由使用 ERC-721 协议的以太坊上的智能合约生成的 10 000 只独特的 2D 猴子的集合，如图 6.3（仅展示部分）所示。大多数 PFP（Profile Picture，个人资料图片）项目是使用生成艺术软件在链外生成，然后作为 JPG 文件导入区块链的，但 OnChainMonkey 艺术完全是通过智能合约中锁定的代码生成的。因此，无须第三方存储信息，只要区块链在线，数据就可用。

图 6.3　OnChainMonkey

OnChainMonkey 系列于 2021 年 9 月 11 日推出。因为 NFT 是免费铸造的，所以用户只需为以太坊付费。2022 年 2 月，OnChainMonkey 将甜点空投给 OnChainMonkey Genesis 持有者。Karma 系列紧随 OnChainMonkey 系列成功推出。3 种不同类型的甜点分别代表着不同的价值。每只 OnChainMonkey Genesis 都可以吃一种甜点，并诞生相对应种类的 Karma 猴子。同年 6 月，持有者通过喂养猴子创造了 10 000 个 Karma 猴子。Karma 猴子有 7 个特征：皮毛、嘴巴、眼睛、衣服、帽子、耳环和背景。和其他 NFT 游戏一样，每个 NFT 的价值由其特征决定。

OnChainMonkey 是第一个使用链上元数据的 NFT 项目。为了节省在区块链的花费，项目组特意将所有的图像以 SVG（Scalable Vector Graphics，可缩放矢量图形）而不是 JSON 为格式。链上存储的主要问题是链上能保存的最大数据量比链下存储要小得多。

2. 链下元数据的应用：NFT.Storage

有越来越多的开发者，特别是在加密艺术领域，正在使用 IPFS 在线下存储元数据。IPFS 是一个允许内容在不同计算机上托管的点对点文件存储系统，即文件可被复制存放在多个不同的地点。这里以 NFT.Storage 为例，NFT.Storage 是一项专为链下 NFT 数据设计的长期存储服务，每次上传的数据量可达 31GB。NFT.Storage 中的数据是使用 IPFS 进行内容寻址的，这意味着指向一段数据的 URI（Uniform Resource Identifier，统一资源标识符）对于该数据是完全唯一的。IPFS 的 URL（Uniform Resource Locator，统一资源定位符）可以在 NFT 和元数据中使用，以确保 NFT 永远引用预期的数据。NFT.Storage 在公共 IPFS 网络上存储上传数据的许多副本的主要方式是：在由 NFT 管理的专用 IPFS 服务器中存储，并在 Filecoin 上分散。由于 IPFS 是许多不同存储服务使用的标准，因此很容易冗余存储上传到 NFT 的数据。其他 IPFS 兼容存储解决方案都是从固定服务器到本地 IPFS 节点，再到 Arweave 或 Storj 等其他存储网络。

另外，NFT 存储的 NFT 数据可以被具有内容的任何对等方从去中心化 IPFS 网络访问。每次访问引用的内容是不可变的，因此用户可以确保数据的安全性。NFT 数据可以使用 Brave 直接在浏览器中获取，也可以通过公共 IPFS 网关获取，或者使用 IPFS Desktop 或 IPFS 命令行获取。

6.2 NFT 的产业链

在 NFT 的产业链中，组成最基本的 NFT 所需要的部件有两个：一是数字货币和电子钱包等数字金融，二是数字艺术。这两个概念相结合自然也就产生了 NFT。NFT 还和元宇宙、Web 3.0 等概念合作共赢，一起进步。本节会按照产业链的顺序介绍它们在产业链上的功能，同时提供一些较为成熟的案例。由于数字艺术和 NFT 的应用前文已经阐述，故这里不赘述。

6.2.1 金融基础：电子钱包

NFT 最基础的应用就是数字金融。如果没有数字金融，尤其是 DeFi

（Decentralized Finance，去中心化金融）的发展，那么 NFT 就无法拥有现在的便捷性。DeFi 描述了一种不需要传统的中介机构即可运行的金融系统。它使用开源协议和公共区块链开发形成一个 DeFi 运作的框架。这种框架不依赖券商、交易所或银行等金融机构提供的金融工具，而是利用区块链上的智能合约进行金融活动。

DeFi 帮助 NFT 建立完备的交易体系。首先是无须使用中介即可实现安全的在线支付的加密货币。加密货币为了保护信息使用了各种前沿性加密算法和加密技术，NFT 也因此具有匿名、安全等特点；其次是电子钱包。电子钱包可以作为现金支付的一种替代支付方式。随着电子钱包的发展，NFT 允许来自世界各地的人们参与同一个项目。下面将介绍一个非常知名的例子——作为电子钱包的 PayPal。

PayPal 是一个网络支付平台。它通过在线转账的方式实现交易。PayPal 用户需要创建一个账户，将其连接到支票账户或信用卡上。一旦确认了身份，用户就可以使用 PayPal 在网上或商店中发送或接收付款。数百万线上和线下的大中小型零售商现在都接受 PayPal 支付。PayPal 还提供印有 PayPal 名称的信用卡和借记卡。通过 PayPal，消费者可以相对轻松地支付和转账。此外，现金可以转移到任何电子邮件地址或电话号码对应的账户，无论收件人是否拥有 PayPal 账户。

PayPal 为企业的日常运营提供了一系列解决方案，包括用于在线和当面交易的支付门户、业务管理服务以及信贷和融资选项。PayPal 试图提供一种不要求付款人或收款人披露信用卡或银行账号的支付方式，使在线购物更加安全。资金是安全的，隐私是受保护的，交易也比传统支付方式更快。尽管 PayPal 不是一家银行，但它仍然受到许多与银行管理相同的消费者保护法规的约束。如果用户发现了未经授权交易，那么用户可以向 PayPal 投诉冻结和取消相关交易。

6.2.2　共同发展的伙伴：Web 3.0

Web 3.0 是网络技术的第三次迭代，其概念仍在不断扩展，因此目前没有一个规范的且被普遍认可的定义。Web 3.0 应用了许多技术和方法，主要包括 4 个方面：用户自主管理身份、赋予用户真正的数据自主权、提升用户在算法面前的自主权和建立全新的信任与协作关系。Web 3.0 体系的基本单元包括新型组织管理体系 DAO，它是从区块链技术的核心理念衍生出的一种新型的组织管理形式。DAO 在 NFT 的发展中发挥着重要作用。另外，用户对 NFT 交易平台的社交诉求引出了 DAO 在 NFT 的发展，两者在这方面可谓互利共赢。下面将介绍红洞和 SuperRare 这两个包含 DAO 组织治理的 NFT 交易平台。

1. 红洞

红洞科技成立于 2021 年，是国内首批专注于区块链数字化衍生品的发行服务平台，致力于构建全国乃至世界一流的合规数字资产基础设施，赋能社会数字经济发展。红洞科技是浙江大学陈纯院士创建的区块链企业趣链科技持股的公司，拥有强大的技术背景。红洞科技所采用的区块链底层平台如道链是基于 Hyperchain 底层技术开发的，其是国内首批通过工业和信息化部国家标准化管理委员会与中国信息通信研究院区块链标准测试，符合国家战略安全规划的区块链核心技术平台，曾在中国信息通信研究院区块链功能测试和性能测试中均名列第一。

红洞的产品共分为 3 部分。其中第一部分是主营 NFT 的红洞数藏。自 2021 年上线以来，红洞数藏已经有了二十多款 NFT 产品，涉及多个领域。例如传统文化类的“元虎”“虎山龙舟队”，历史深厚的“经典股票证券系列”“延安故事”，以及和衢州市政府联合发行的“衢州城市经典”纪念 NFT 套装。第二部分是和趣链科技共同打造的如道链。如道链的优势在于既能满足监管对区块链的要求，又能满足区块链的去中心化；既能保障开发者、运营者的权益，又能保证 NFT 生态的可持续发展。第三部分是线下的红洞美术馆。红洞联合国内的知名艺术家和策展人等共同发掘和传播优秀的数字艺术与数字藏品文化，为大家带来高质量的艺术作品。

红洞的一个重点推出的产品是一个概念组的集合：窥镜之城。窥镜之城是一系列具有克苏鲁和赛博朋克元素的设定集。这个设定集包含 NFT、小说、音乐、卡牌游戏和剧本杀等多种元素。玩家可以通过 DAO 的方式和志同道合的玩家一起互动。同时，DAO 也开设活动组织群发起不同的活动，如与《王者荣耀》《英雄联盟》等游戏相关的活动。

2. SuperRare

成立于 2017 年的 SuperRare 被誉为拥有全球数字艺术家网络的互联网数字艺术市场。这个拥有 700 位艺术家的平台为数字艺术品的创作、发行和策展提供了极大的便利。SuperRare 网络由 SuperRare 协议、DAO、RARE 代币和其他平台功能组成。SuperRare 协议允许艺术家通过在 SuperRare 市场上销售的智能合约来标记他们的作品。SuperRare 平台支持拍卖和二级市场，允许任何人买卖 SuperRare 艺术品。SuperRare 空间是策展人或艺术家用来出版、推广和销售艺术品或举行拍卖的数字艺术画廊。DAO 监督资金和平台功能，它由 SuperRare 治理委员会管理的 RARE 代币持有者管理。

该项目于 2018 年上市，是加密艺术市场领域的先行者。到 2020 年底，SuperRare 已经在 NFT 艺术市场中占有很大比例。它瞄准高端艺术市场，专注于建立一个以高净值收藏者和高质量内容创作者为目标的网络，而不是和其他平台一样去追求大众化的市场。

RARE 代币是 SuperRare 的原生代币。RARE 代币有助于 SuperRare 生态系统的治理过程。2021 年 8 月 17 日，SuperRare 宣布了该代币的发行。RARE 代币为 SuperRare 社区提供了一种新的所有权方式，让 SuperRare 平台成为一个由社区驱动的平台。RARE 代币的总供应量为 10 亿。代币以投资的方式分配给了为平台建设作出贡献的艺术家和收藏者。

SuperRare 的生态由以下 3 部分组成。

- SuperRare 空间。SuperRare 空间允许策展人、收藏者和社区成员展示作品。每个不同的作品区域都会由 RARE 代币持有人通过社区投票选出的指定运营商控制。选定的运营商将选择参与展览的艺术家，艺术家可以在合适的时机进行作品的推销和展览。运营商能够通过作品销售获得一定比例的佣金。

- SuperRare DAO。SuperRare 将所有平台佣金和费用重定向到 SuperRare 的 DAO（一个由 7 人组成的治理委员会），通过一个 7 选 4 的多签名钱包管理社区财政。
- 主权铸造合同。SuperRare 上所有的独立艺术家都可以发行自己的艺术家代币或品牌代币，它还允许艺术家创建定制的 NFT 铸造合同。

6.2.3 共同发展的伙伴：元宇宙

随着 NFT 的快速发展，数字资产在不断地发展和完善。NFT 作为元宇宙中规模庞大的数字资产的价值载体，可以预见它将成为构建元宇宙过程中的重要一环。通过 NFT，每个人都可以参与元宇宙的建设，并基于贡献的价值获得奖励。这使 P2E 的概念得以实现。

元宇宙需要一个开放且公平的经济体系，NFT 是基于区块链的去中心化网络协议。此外，区块链固有的透明、公开且可追溯的特性使得 NFT 成为构建数字金融体系的强有力的工具。

NFT 将在元宇宙的身份和社交体验中发挥不可或缺的作用。NFT 头像代表玩家真实或想象的自我。玩家可以使用 NFT 头像作为访问社区的“身份”，以进入元宇宙并在不同区域之间移动。在这种情况下，NFT 化身为我们现实生活中身份的延伸，我们可以自由地在元宇宙中策划和构建自己的虚拟身份或购买头像 NFT。

创作或购买某些特定 NFT 的人群一定程度上有着相同的爱好，因此，NFT 可以帮助用户迅速找到兴趣相似的人，并构建自己的社群。此外，某些 NFT 持有者还享有独家权利，他们可以访问具有锁定内容甚至离线私人活动的封闭社区。NFT 将极大提升参与者在元宇宙中的社交体验。

Decentraland 是一款通过三维空间模拟现实的数字游戏。这个基于以太坊的软件拥有一个 VR 平台。它提供的开放的元宇宙世界，是 VR、AR 和互联网的结合。软件的用户可以在其中玩游戏、交换收藏品、购

买和出售数字资产、通过可穿戴设备进行社交和互动。2017 年，阿根廷人阿里 · 梅里奇（Ari Meilich）和埃斯特万 · 奥尔达诺（Esteban Ordano）推出了 Decentraland 项目，他们为此创建了游戏的智能合约。Decentraland 起初只是一个概念性的试点项目。它本来的目的是在区块链上将数字房地产的所有权分配给用户。游戏的第一张地图创世纪城包括 90 601 个地块。2017 年，Decentraland 在其首次代币发行中筹集了 2600 多万美元。2021 年 4 月，伴随着 NFT 人气的飙升，Decentraland 地块的售价超过了 6000 美元，甚至达到了 100 000 美元以上。2022 年 11 月，Decentraland 的市场估值为 25 亿美元。

Decentraland 是元宇宙的一部分。Decentraland 的用户可以运行他们创建的完全沉浸式的 VR 世界，并通过 DAO 对游戏进行监督。Decentraland 与其他 VR 游戏的不同之处在于它允许用户对环境进行某种控制。通过 DAO，用户可以直接对游戏和组织的政策进行投票。用户可以使用 Decentraland 的 3 个本地代币（LAND、Estate 和 MANA）创建他们独特的环境、市场和应用。每个代币都是独一无二的，这意味着它们并不是作为货币使用，而是作为身份的代表。

MANA 是一种可替代代币，它可以帮助用户使用游戏内的各种服务或者将自己的创作代币化。用户可以使用 Decentraland 的地图参加多种不同的社区活动，包括音乐会、电影放映等。

数字土地经济是 Decentraland 中经济的一个重要组成部分。Decentraland 的广场包括拉斯维加斯等多种不同风格供消费者选择。广场中的地块是组成 Decentraland 的基础 NFT。游戏一共登记了 90 601 个 16m×16m 的地块，这些地块可以在市场上买卖，也可以在合适的时候进行定制。每个地块提供 2000 个投票权。如果一名业主持有多个地块，他们将获得更多的投票权。

除了正常的土地买卖、直播活动和 NFT 艺术展，Decentraland 还提出了各种“雄心勃勃”的项目。除了常规的内容更新，Decentraland 将发布街区功能、提供更多 PVE 和 PVP 机会、推出公会和锦标赛大会以及将 Decentraland 完全同步到 Metaverse 等其他平台。总而言之，

Decentraland 的未来看上去一片光明。

6.3 NFT 的生态链

在 6.2 节中，我们介绍了制造和生产 NFT 的产业链。在本节，我们将从单个 NFT 的视角出发，观察从它被艺术家创造出来直到被买家买入这条具有数字化特色的生态链。图 6.4 展现了 NFT 从被制造出来直到被买家买走的完整流程。

图 6.4 NFT 的生态链

6.3.1 艺术创作者

NFT 的创作者可以以多种方式发行作品。一名艺术家可以以独立的名义自行发行 NFT，也可以和一些 NFT 交易平台签约共同分成。以下是两位知名的 NFT 创作者和他们的作品。

1. Beeple

迈克·温克尔曼（Mike Winkelmann）是一位著名的 NFT 艺术家，他的网名叫 Beeple。Beeple 致力于创作各种 NFT 作品。他知名的

NFT 作品包括 *Everyday: The First 5000 Days* 等。他擅长描绘当代艺术品，他的许多作品展现了未来主义的风格。

Beeple 从视频中自学平面设计。在为贾斯汀 · 比伯（Justin Bieber）、单向（One Direction）乐队和妮琪 · 米娜（Nicki Minaj）等众多大牌艺人制作演唱会的视觉效果后，他开始独自进行 NFT 上的创作。他的成功始于在 Nifty Gateway（一个 NFT 市场）上销售 NFT。*Everyday: The First 5000 Days* 是 Beeple 从 2007 年 5 月 1 日开始连续 5000 天创作的 NFT 图像集。它在 NFT 史上写下了浓墨重彩的一笔。它以 6934 万美元的价格创造了数字艺术销售的纪录，也改变了艺术品的销售方式。

2. Murat Pak

Murat Pak 是一个知名的数字艺术家或艺术家群体。他或者他们以完全匿名的方式发布作品。Murat Pak 创作的大部分作品都属于抽象艺术。Murat Pak 因一场苏富比的拍卖会而获得许多认可。苏富比 CEO 查尔斯 · 斯图尔特（Charles Stewart）表示："这位艺术家实际上已经制作了几十年的数字艺术，我们很高兴能将他们的作品推向市场。"

Murat Pak 来自何处不得而知，Murat Pak 在隐藏信息方面做得非常好，关于这位艺术家的很多信息都是推测的。Murat Pak 最著名的加密艺术包括《变质裂谷》《开关》和《像素》。他的艺术作品《像素》最有趣的地方在于它实际上只是一个普通的灰色像素，但仍然能够以 135 万多美元的价格售出。《变质裂谷》和《开关》则是 3D 动画，其中《变质裂谷》以 147 万美元的价格售出。

6.3.2　铸造者

2022 年 3 月，Nansen 作为一家研究 NFT 相关产业的公司发布了一份关于铸造 NFT 的行为报告。这份报告给出了许多有趣的数据。该报告给出的数据表明五分之一的 NFT 铸造者从 NFT 的铸造阶段就获得了利润。在不断地观察 NFT 铸造者的行为后，该报告揭示了一个现象：三分之一的 NFT 的交易底价高于其初始铸造成本、三分之一的 NFT 在铸造后几乎没有或根本没有交易活动，还有三分之一的 NFT 直接就“死亡”了。

2022 年年初，Nansen 观察到 NFT 市场出现了变化。NFT 的总指数下跌了 5.23%。这种走势与广泛的市场预期一致。造币厂的销量在 2022 年年初有所下降，用于铸造的 ETH 价格逐渐下降，甚至谷歌上 NFT 相关主题的搜索量都在下降。种种迹象表明短期内人们对 NFT 的兴趣在降低。

进一步的研究数据表明，平均铸币成本在 2021 年 5 月达到了 0.56 ETH 的峰值，随后就在 2021 年 6 月降至 0.06 ETH 的低点。自 2021 年 7 月以来，NFT 造币厂的平均成本在 0.07 ETH 到 0.1 ETH 之间。这种现象可能是随着更多项目引入市场，NFT 铸造的竞争越来越激烈，最终平均造币成本降低了。从 2021 年 1 月到 2022 年 2 月，总 NFT 铸造的数量增加了 48 倍以上，从 39 802 件增加到 1 970 886 件。从 2021 到 2022 年，NFT 市场中的 NFT 造币厂数量增长了 2000 多倍，从 500 家增加到约 120 万家。其中大多数的 NFT 矿工为他们的造币厂花费了 0.5 ETH，又在铸造上花费了 0.5 ETH。在分析 NFT 矿工情况时，报告发现在 2022 年之前花费 10 ETH 到 100 ETH 的 NFT 矿工是最多的。不过自 2021 年 12 月以来，这一趋势发生了逆转。更多的矿工只花费了 1ETH 到 5ETH，花费超过 100 ETH 的 NFT 矿工略有减少。

6.3.3 三大交易平台

在经过艺术创作和铸造两个步骤后，接下来就是 NFT 交易。本节将描述 OpenSea、LooksRare 和 Rarible 这 3 个 NFT 交易平台的发展和它们的功能特点，如图 6.5 所示。

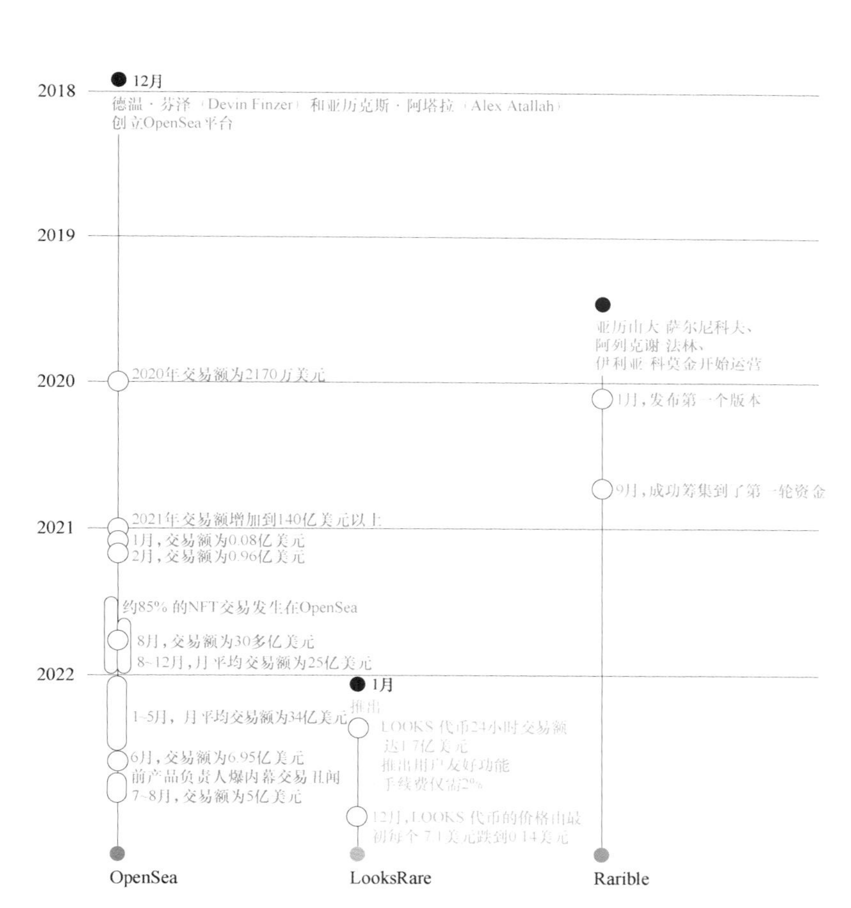

图 6.5　3 个 NFT 交易平台发展和功能特点对比

1. OpenSea

OpenSea 是一个基于以太坊的 NFT 市场，任何人都可以在这里创建、销售和购买 NFT。NFT 是存储在区块链上的唯一且不可替代的数字项目。2021 年下半年，大约 85% 的 NFT 交易发生在 OpenSea 上。

NFT 买家、卖家和交易员在 2021 年将 OpenSea 的交易额增加到 140 亿美元以上。相比之下，2020 年 OpenSea 的交易额仅为 2170 万美元。

OpenSea 提供的产品和服务包含 NFT 市场功能、NFT 收藏的集合和 NFT 搜索功能 3 种。

- NFT 市场功能。OpenSea 提供的 NFT 市场允许任何人在这里创建、购买和销售 NFT。它们可以是图片、音乐、动画、流动性位置、游戏项目或任何存储单元。只要 NFT 被创建，它们就可以从一个加密钱包被交易到另一个加密钱包。用户可以通过超过 200 多种的加密钱包登录 OpenSea，查看、购买和出售 NFT；还可以通过 OpenSea 平台快速创建新的 NFT。
- NFT 收藏的集合。在 OpenSea 上，NFT 通常由创作者组织成类似图像的集合。创作者可以利用社交媒体来推销他们的藏品激发人们的兴趣。一旦获得足够的关注，这些藏品就会在创作者为筹集项目资金而举办的活动中出售。OpenSea 利用交易量来确定哪些 NFT 藏品最受欢迎。OpenSea 上目前比较火热的 NFT 藏品包括 CryptoPunks、Bored Ape Yacht Club、Otherdeed for Otherside、Art Blocks Curated 和 Azuki 等。
- NFT 的搜索功能。这是用户发现和搜索 NFT 的方式。当用户在 OpenSea 的搜索栏上输入集合的名称时，它将显示该集合中的每个 NFT。搜索时将显示该集合对应的名称、图片、最后售价，以及用户可能会发现的其他一些有趣的筛选条件。

OpenSea 的月交易额一直徘徊在 50 万美元左右。2021 年 1 月，OpenSea 交易额攀升至 800 万美元，2021 年 2 月首次飙升至 9600 万美元。OpenSea 在 2021 年 8 月的交易额激增 10 倍左右，从约 3 亿美元增至约 34 亿美元。在接下来的 9 个月里，OpenSea 的月交易额保持在每月 20 亿美元以上，直到 2022 年 6 月从 26 亿美元下降到 6.95 亿美元。虽然这仍然比 2021 年 6 月的交易额高出一倍多，但接下来的 7 月和 8 月，交易额进一步下降到 5 亿美元。尽管交易额有所下降，但新用户的加入率并没有真正下降。截至 2022 年 6 月，已有超过 210 万用户通过

OpenSea 进行了至少一次购买，用户加入平台的比率几乎呈线性增长。

OpenSea 同样面临着一些风险和挑战，具体如下。

- 缺乏信任。2022 年 6 月，OpenSea 的前产品负责人 Nathaniel Chastain（纳撒尼尔·查斯顿）因在该平台进行内幕交易而被指控。他的丑闻加剧了 Web 3.0 生态系统中的普遍不信任。OpenSea 作为一个中心化实体所做的每一个决定，都有可能失去客户，或增加客户对其竞争对手的信任。像 Rarible 这样的去中心化 NFT 市场正试图从去中心化的角度切入 NFT 领域，像 MetaMask 这样的公司通过调用 OpenSea API 对给定的钱包地址进行 NFT 检测。虽然这有利于 OpenSea 的现有地位，但它增加了人们对“OpenSea 是 NFT 所有权的中心”的担忧。假设每个人都引用 OpenSea 而不是区块链本身。在这种情况下，OpenSea 可以通过将 NFT 存储在自己的数据库而不是区块链中来“偷工减料”，这会损害人们对核心区块链技术的信任。OpenSea 一直坦率地表示，在交易发生之前，不会将 NFT 上链，以允许用户免费创建 NFT，但这对 NFT 的定义提出了挑战，并可能减少用户的信任。
- 宏观经济周期的变化。2022 年的宏观经济动荡影响了人们购买 NFT 的普遍兴趣。即使是像 Bored Ape Yacht Club 这样的 OpenSea 最大的藏品，其底价（藏品中任何 NFT 的最低价格）也从 4 月 30 日的 43.1 万美元降至 2022 年 6 月的 10 万美元以下。
- OpenSea 的竞争者。OpenSea 占据了 NFT 市场的较大份额，但有两个竞争对手（Magic Eden 和 LooksRare）正在对其使用“吸血鬼攻击”。吸血鬼攻击指的是对以太坊上的所有 NFT 进行索引，并立刻进行交易来克隆生态系统的攻击。LooksRare 和 Magic Eden 自推出以来的头几个月，平均每月交易额达到了 4500 万美元。虽然这个数字远低于 OpenSea 的平均月交易额，但也不容忽视。

2. LooksRare

自从 NFT 的概念被提出，OpenSea 就一直被认为是最大的 NFT

市场。可是随着 OpenSea 的发展，大多数用户对其无法满足社区的需求感到不满。LooksRare 因此成了 OpenSea 的挑战者之一。LooksRare 于 2022 年 1 月推出，它宣称自己是 OpenSea 的替代方案，是一个社区优先的 NFT 市场，无论创作者、收藏者还是交易者都将从平台获得大量参与社区活动的奖励。这个 NFT 社区在推出的 24 小时内的交易额迅速超过了 OpenSea 的每日交易额。LooksRare 主打的卖点是它的手续费比 OpenSea 要低，只需要 2%。除此之外，LooksRare 还推出了一些对用户更加友好的功能，例如用户对 NFT 的任何购入和售出都可以获得奖励；平台手续费将会返还给代币的质押者；NFT 在销售完成后就可以立刻获得收益。

LooksRare 和 OpenSea 在应用上有着许多区别。首先，LooksRare 只接受以太坊和 WETH（包装以太坊）这两种方式作为 LooksRare 的官方支付方式。这意味着用户不能使用比特币、任何法定现金（如美元、英镑等）或信用卡来进行资产的买卖。OpenSea 则支持以太坊、DAI 和 150 多种其他加密货币。其次，两者的铸造机制完全不同。LooksRare 目前无法让用户铸造属于自己的 NFT，它只能提供 NFT 的交易功能。最后则是手续费的多少，OpenSea 需要 2.5% 的手续费，而 LooksRare 只需要 2%。然而，如此丰厚的福利换来的却只是泡沫。尽管 LooksRare 的交易额在 OpenSea 之上，但 LooksRare 的每日用户量仅为 1000~2000 人，相比 OpenSea 每日近 5 万人的用户量简直是九牛一毛。

看来 OpenSea 的挑战者未能成功颠覆 OpenSea 在 NFT 市场中的地位。

3. Rarible

Rarible 是一个基于以太坊构建的 NFT 交易平台。Rarible 公司是一家来自俄罗斯的数字公司。2019 年，在亚历山大 · 萨尔尼科夫（Alexander Salnikov）、阿列克谢 · 法林（Alexei Falin）和伊利亚 · 科莫金（Ilya Komolkin）的领导下，公司开始运营。当时，3 位创始人一起致力于一个新项目。他们从 NFT 市场中看到了巨大的潜力。Rarible Market 的第一个版本于 2020 年 1 月发布。但就在 1 个月后，由于未经许可发布设计师的作品，平台立刻深陷困境。不过这并没有阻止该公司进一步扩大业务。同年，Rarible 提出了 RARI 治理代币。这一代币让社区用户有权对平台的未来发展进行投票。9 月，3 位创始人成功筹集到了第一轮资金。

Rarible 是一个允许创作者发行和销售自定义的去中心化交易的平台。该平台实现了无中介的交易。用户在 Rarible 市场生成的代币属于 NFT。每个 NFT 都是唯一的，不可互换。

Rarible 还为卖家提供了一个与创作者联系的市场。第一步是创作者通过 Rarible 提供他们的作品。这个过程中创作者们被要求使用 Rarible 的代币并附上他们的作品。一旦拿到了数据，Rarible 就会在区块链上创建一个新的代币。Rarible 利用以太坊在 NFT 代码中嵌入一些数据。该数据包括其所有者和交易的全部历史记录。它为卖家提供了查看和获取创作者提供的数字资产的平台。该平台促进了双方的交易。在这个过程中，Rarible 也从这些交易中赚钱。

在 Rarible 上有多种交易 NFT 的方式，包含固定价格和拍卖。用户可以使用借记卡、信用卡或多种电子钱包购买 NFT。一旦用户获得了 NFT，他们就可以将其列在个人资料上进行展示和销售。Rarible 的主要收入来源是交易的提成。虽然这些提成很低（一般是每次销售额的 2.5%），但相对低廉的价格让它获得了竞争力。

6.3.4　买家

要想让 NFT 能够盈利，就需要有人去购买 NFT。这些购买 NFT 的人组成了 NFT 生态链的最末端。但是谁会去购买这些 NFT 呢？下面从多个角度勾勒出 NFT 买家的特性。

研究表明，23% 的“千禧一代”（出生于 1981 年至 1996 年）在购买 NFT 方面处于领先地位。“婴儿潮一代”（出生于 1946 年到 1964 年）对 NFT 的支持率最低，只有约 2% 的人购买了 NFT。“X 世代”（出生于 1965 年到 1979 年）和“Z 世代”（出生于 1995 年到 2009 年）分别占 8% 和 4%。尽管 Z 世代一直被认为站在了数字创新的前沿，但显然 Z 世代购买 NFT 的热情并不高。57% 的 Z 世代对 NFT 没有兴趣的主要原因是他们根本不了解 NFT。一旦他们在未来对 NFT 有足够的了解，Z 世代很可能会占据 NFT 收藏榜的榜首。

CivicScience（公民科学）报道称，年收入在 15 万美元至 25 万美元之间的个人在购买 NFT 的人群中所占比例较大。虽然收入低于 2.5 万美元的人和收入高于 15 万美元的人对 NFT 的兴趣有所增加，但进一步的研究表明，收入在 2.5 万美元至 5 万美元之间的人中 94% 都对 NFT 这一概念不感兴趣。如果考虑到网络用户所在的国家，那么亚洲拥有最多的 NFT 买家，其中菲律宾和泰国位居买家数量榜首。2022 年全球 NFT 交易额的 35% 来自东南亚和中亚。70% 的美国人不知道 NFT 意味着什么，因此只有 2% 的美国人积极购买和收集 NFT。从谷歌搜索结果来看，加利福尼亚州、夏威夷岛、佛罗里达州、纽约州和新泽西州关心 NFT 的人最多。除了亚洲，非洲也正在成为 NFT 收藏者的中心。截至 2022 年，已经有 8.3% 的南非人购买过 NFT，另有 9.4% 的南非人希望在未来进入 NFT 市场。在尼日利亚，13.7% 的人购买过 NFT，21.7% 的人有意向购买 NFT。

6.4 市场现状分析

2021 年，数字艺术品、动物图片、交易卡、音乐、在线游戏、NFT 等热门词汇成了主要的数字主题。NFT 于 2021 年 3 月首次登上报纸头条，当时 Beeple 的加密艺术作品 *Everyday: The First 5000 Days* 以 6934 万美元的价格成为世界上最昂贵的 NFT。在本节中，我们将讨论 NFT 目前的交易市场，并在一些数据的基础上进行简单的分析。

6.4.1　市场端分析

世界领先的战略咨询和市场研究公司 BlueWeave Consulting 在其最近的研究中指出，2021 年全球 NFT 市场规模为 43.6 亿美元。BlueWeave Consulting 还预测从 2022 年到 2028 年，全球 NFT 市场将以 23.9% 的复合年增长率增长。推动 NFT 市场的主要因素之一是全球对数字艺术的需求不断增长。消费者利用加密货币购买数字资产，NFT 公司筹集的资金也促进了市场增长。此外，在新形势下必须掌握新的社交方式，许多用户因此加入了各种网络平台，在提高社交参与度的同时帮助 NFT 获得更多的曝光率。例如，基于区块链的数字宠物世界 Axis Infinity 吸引了众多来自发达国家的用户。全球 NFT 市场规模和 2020 年相比直接增长了 299%。

游戏和艺术 NFT 占据 NFT 交易的最高数量。在免费游戏中购买的应用内商品或虚拟货币直到最近才可以在游戏或平台中提取、重新使用、转售或以其他方式使用。有了 NFT，在游戏中购买的任何东西都将成为所有者的资产。每个对象都是唯一标识的，具有可证明的有限数量的副本，并且可以在没有开发者许可的情况下在用户之间共享。它可以移出游戏在市场上出售，甚至可以在其他游戏中提供额外的用处。数字艺术让更多的人对艺术世界感兴趣，这一领域的艺术家将继续尝试创作出突破当前艺术形式界限的作品。传统的数字艺术创作有一个缺点，即产品可以无限复制。为了解决这一缺陷，数字艺术现在存储在区块链上，无法复制。这为数字艺术家提供了获利的可能性。

就市场规模而言，美洲地区是全球 NFT 行业的最大贡献者。尽管美国缺乏严格的立法，但许多公司仍在投资 NFT。游戏和艺术 NFT 的商业模式对新 NFT 创作者来说是一个切实可行的选择，OpenSea 平台在 2021 年取得了巨大成功。

Beeple 的 *Everyday: The First 5000 Days* 数字艺术品是 2021 年成交的最昂贵的 NFT，其他大多数昂贵的 NFT 都来自游戏和收藏品。2021 年 3 月 14 日，Hairy 的 1：1 号艺术品以大约 550ETH 的价格售出。这件作品与 2 月 22 日收藏的 CryptoPunk 6487 之间的价格差异很大。虽然两者的售价都是 550ETH，但是由于以太坊价格和汽油费价格，它们的实际价值差异很大。正是这种价格差异导致人们在 2021 年越来越多地将 NFT 视为一种可行的投资工具。事实上，2018 年至 2020 年间，NFT 的市值增长了近十倍。

6.4.2 用户端分析

2021 年，NFT 在东南亚国家中产生了巨大的吸引力。泰国在 2021 年成为全球 NFT 用户最多的国家，用户总数为 565 万；其次是巴西，有 499 万用户；接着是美国，有 381 万用户。泰国的人均 NFT 使用量领先于其他国家，8.08% 的人口使用 NFT。

NFT 在东南亚的繁荣与许多原因有关，其中一个原因就是越南公司 Sky Mavis 推出的 *Axie Infinity* 等游戏在东南亚一炮走红。除此之外，越来越多的艺术家也在 Discord 和 Twitter 等社交媒体平台展示自己的作品。2021 年 10 月，Metaverse Thailand 在泰国开始销售虚拟房地产，这也带动了 NFT 在东南亚的发展。

但是，人均 NFT 使用量并不能说明一切问题。根据另一份报表，在一个季度内，世界上有买入和卖出行为的独特的 NFT 钱包的数量直到 2021 年第四季度才呈现井喷式的增长。在 2021 年前 3 个季度，这个数量仅有 12 万、20 万和 41 万，到了第四季度这个数量直接达到了 194 万。这个数字和上面的用户总数相差甚远，由此可以看出，大部分用户可能并没有真正地参与 NFT 的经济交互体系。另外，NFT 钱包的季度活跃量在 2021 年之后表现出了下降的趋势。在 2022 年前 3 个季度，NFT 钱包的季度活跃量只有 186 万、141 万和 117 万。

第 7 章

NFT 与数字经济

数字经济是指以数据资源作为关键生产要素、以现代信息网络作为重要载体、以信息通信技术的有效使用作为效率提升和经济结构优化的重要推动力的一系列经济活动。毫无疑问，NFT 与数字经济的发展相辅相成。那么数字经济是干什么的呢？本节将先介绍数字经济的概念，随之引出数字经济发展的重要部分——数字金融，然后介绍去中心化金融和代币经济的概念，最后介绍 NFT 在金融领域的操作。

7.1 初识数字经济

伴随着 AI、大数据和云计算等技术的发展，传统意义上以信息为中心的经济活动难以满足用户的需求。信息技术时代的产品被多个互联网巨头垄断的现象让以平台为中心的数字经济更加受欢迎。数字经济是个人、企业、设备、数据和流程之间每天数十亿次的在线连接所产生的经济活动。数字经济的连通性意味着互联网、移动技术和物联网发展带来的个人、组织和机器之间的连接日益紧密。数字经济中的数字有两种含义：一是不断发展的数字技术能极大地提高生产力，扩大经济活动的空间；二是大数据作为新的生产要素将改变经济活动的组织方式。

目前，数字人民币的试点范围稳步扩大，在一定程度上代替了 NFT 在国外经济环境中的角色。那么，数字经济的特点是什么？数字经济能够带来哪些好处呢？数字经济现有的应用有哪些？本节将会对此进行叙述。

7.1.1 数字经济的特点

数字经济的特点如图 7.1 所示。

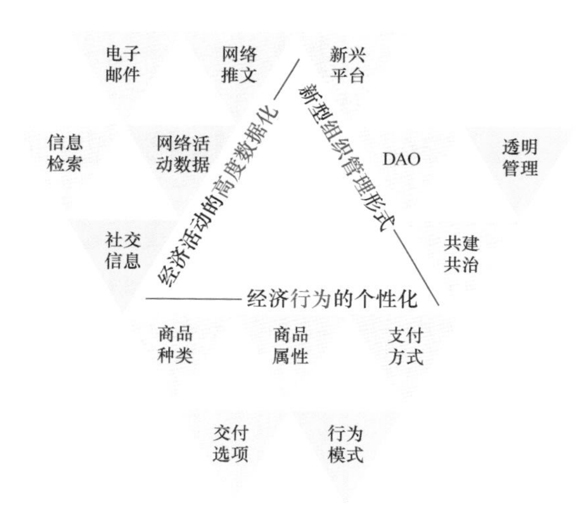

图 7.1 数字经济的特点

首先是经济活动的高度数据化。据统计，在 2019 年，网络用户每天平均发送 5 亿条推文、2940 亿封电子邮件，在 Facebook 上创建 4 PB 的数据，在 WhatsApp 上发送 650 亿条消息，进行 50 亿次搜索，在 Instagram 上分享 9500 万个照片或视频。据估计，到 2025 年，全球每天将产生 463 EB 的数据。数据作为数字经济的核心生产要素已经大规模膨胀。在未来，近乎所有的经济活动都会以数据为中心进行。

其次是新型组织管理形式。传统公司组织以上下的科层组织进行管理，运营方式完全不透明，各种决策往往由内部数位高层来决定，由此产

生了 DAO 的概念。

最后是经济行为的个性化。个性化不只是商品的个性化，还包括方便的支付方式和交付选项。

7.1.2 数字经济的优势

新科技的出现降低了经济活动的成本。成本的降低可以分为 5 种类型：搜索成本降低、复制成本降低、运输成本降低、跟踪成本降低和验证成本降低[①]。

搜索成本是查找信息的成本。每个信息收集活动都涉及搜索成本。数字经济能够让消费者在线上比在线下更容易找到和比较潜在商品的信息。低搜索成本使消费者更容易比较价格，为产品的价格带来压力，最终降低商品的价格。低搜索成本也使消费者更容易找到稀有的产品，帮助那些成交量相对较少的产品卖得更多。

生产功能的关键转变不是数字产品的边际成本为零，具有零边际成本的简单微观经济模型与具有正边际成本的模型没有太大区别。当需求曲线向下倾斜，边际收入等于零时，公司会进行定价。相反，由原子制成的商品和由比特制成的商品之间的一个关键区别是比特是非竞争性的，这意味着它们可以被一个人消费，而不会减少其他人可用的数量或质量，因为复制是无成本的。而数字产品的非竞争性带来的问题是，生产者如何对各种非竞争性零成本产品进行定价。由于复制是无成本的，并且在互联网上传输以比特存储的信息的成本几乎为零，因此数字商品的分销成本接近于零，近距离通信成本和远距离通信成本的差异接近于零。

数字技术降低了运输成本，消费者可在网上购买实体商品，尤其是当线下购买成本高昂或困难时。

跟踪和验证的重要性在过去 10 年才凸显。数字活动易于记录和存储，事实上，许多网络服务器会自动存储信息，而公司不得不做出故意丢弃数据的决定。跟踪成本的降低使得创建个性化和一对一市场成为可能，这使得人们对具有不对称信息和差异化产品的既定经济模型重新产生兴趣。

---

① GOLDFARB A, TUCKER C. Digital Economics[J]. Journal of Economic Literature, 2019, 57(1):3-43.

7.1.3 数字经济的应用

数字经济经过若干年的发展，目前已经在应用层面有了不小的突破。接下来的几个例子都体现了数字经济的发展[①]。图 7.2 展示了数字经济的应用和子应用。

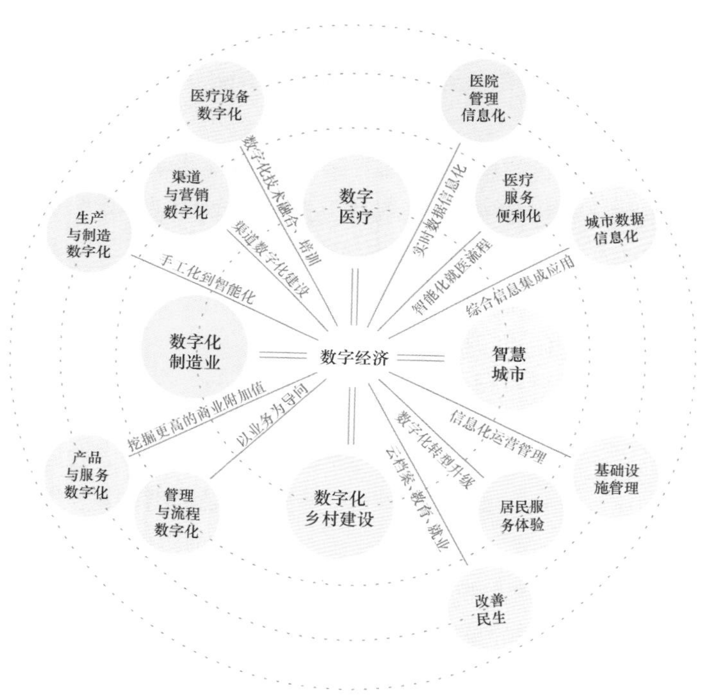

图 7.2 数字经济的应用和子应用

1. 数字化制造业

随着物联网、大数据等新一代信息技术的出现，制造业也开始进行个性化、定制化的生产模式的变革。制造业企业可以进行 4 项数字化改革：渠道与营销数字化、生产与制造数字化、产品与服务数字化，以及管理与流程数字化。

① 中国信息通信研究院 . 数字经济概论：理论、实践与战略 [M]. 北京：人民邮电出版社，2022.

渠道与营销数字化的目标是推动渠道运营向用户运营转变，从而实现产品和服务质量的提升。商家可以进行渠道的数字化建设，例如新增CRM（Customer Relationship Management，客户关系管理）系统等为客户提供支持服务。商家也可以借助全国重点的公共服务平台实现广告投放的精准匹配，以此达到营销数字化的目的。

生产与制造数字化是制造业中小企业转型的核心，其目标是实现生产与制造过程由手工化到智能化的进步。目前，中小企业普遍存在成本过高、人才缺乏等问题，轻量的数字化方案成为中小企业的首选。要实现数字化生产，需要在生产线、核心工业系统与软件上部署机器人等数字化生产的基础设施来代替人工。

产品与服务数字化的目标在于推动服务的拟人化来挖掘更高的商业附加值。企业可以构建研发、运营一体化模式，实现产品敏捷开发和不断迭代革新；可以对产品进行数字化改造升级，让生产厂家和用户实时了解设备运行状态，提供预测性的维修保障服务等；可以基于用户个性化需求定制产品或服务，甚至可以让用户亲自参与产品设计与制造。

管理与流程数字化的目标是在企业内部形成以业务为导向的组织与管理模式。首先，AI 辅助决策系统可在早期预警异常，帮助决策者精确地做出决策，它也许会成为企业管理者的好伙伴。其次，机器可以赋予管理部门更多数字化手段，从重复的工作中解放劳动力，形成高效的流程。最后，管理系统可采用具有的信息防护能力的安全保障体系来保护企业信息，避免数据泄露。

2. 数字医疗

数字医疗是应用现代数字技术解释医学现象、解决医学问题、探讨医学机制、提高生命质量的科学。它是近 10 年来随着计算机科学在临床医学中应用越来越广泛而产生的。例如，传统的 X 光片就是用 X 射线穿过人体留下的影像，CT（Computed Tomography，计算机体层成像）是在计算机出现后用 X 射线等扫描重建出人体的断层图像，MRI（Magnetic Resonance Imaging，磁共振成像）是通过计算机来显示原子核分布的图像得到的。这些都属于数字医疗的范畴。

数字医疗主要体现在医疗设备数字化、医院管理信息化、医疗服务便利化 3 个方面[①]。

- 医疗设备数字化。在数字医疗中，数据采集、处理、存储与传输等过程均以计算机技术为基础，数字化的医疗设备在计算机软件的操控下工作，这逐渐取代常规设备成为临床设备的主流。例如，数字化人体解剖技术允许医生通过模拟的方式进行人体的解剖，帮助医学生进行深层次的学习。除了传统的 CT、MRI，目前已经有多款核医学影像设备和医疗穿戴设备可供选择。
- 医院管理信息化。管理者可通过信息系统随时了解医院的运营情况及各部门的工作情况，业务流程可实现自动化，使医院始终处于最佳运行状态，并且可随时为病人提供各种所需信息。管理的全面信息化可以极大缩短病人挂号、看病、交费、取药的时间，管理的信息化产品有护理信息系统、医学影像归档与通信系统、重症监护信息系统和药事管理系统等。
- 医疗服务便利化。人们可通过网络在家中预约挂号、查询检查结果。网络问诊相较于传统的线下就诊个性化程度更高，更节省患者的时间和精力。

3. 智慧城市

智慧城市（Smart City）是指物联网、云计算、大数据、空间地理信息集成等智能计算技术在城市规划、设计、建设、管理与运营等领域的应用。使用新型的数字解决方案，智慧城市的政府可以全面了解城市运营情况、基础设施和服务情况。这使城市管理者能够预测潜在问题，快速克服挑战，并改善结果。这将提升城市居民、游客和企业的体验，为城市建设更美好的未来。

世界各地的城市在致力于实施智慧城市计划时，都在拥抱 AI、云计算、物联网等先进技术。那么是什么让建设智慧城市成为全球趋势的呢？

---

① 张绍祥，刘军，王黎明，等．数字医学概论 [M]. 北京：人民卫生出版社，2017.

随着城市人口的不断增长，城市面临着比以往任何时候都更大的需求和更复杂的挑战。此外，在当今日益数字化的世界中，人们开始期待快速的对用户友好的体验和触手可及的信息。在这种环境下，政府面临着巨大的压力，需要为居民和企业提供快速、有效且经济、高效的服务。除了这些要求，政府还有责任确保居民安全，提供关键服务，提高生活质量，支持经济增长。也许最重要的是，政府必须继续支持基础设施，使城市能够正常运转。为了满足居民和企业不断增长的需求，全球各地的城市正在加快数字化转型，以提供互联、安全和可靠的服务。因此，建设智慧城市成为全球趋势。

近年来，为推动我国智慧城市健康、有序发展，各部门、各地方先后出台了一系列政策举措优化发展环境。新型智慧城市建设为新型基础设施、卫星导航、物联网、智能交通、智能电网、云计算、软件服务等行业提供了新的发展契机，这些行业的发展成为拉动经济增长和高质量发展的一个增长极。随着政策红利的进一步释放、资金的大量投入，围绕智慧城市建设，国内已经形成了一个庞大的以资本机构、咨询机构及互联网企业组成的产业链条，初步形成了“政产学研用”五位一体全面推动的局面，惠民服务、精准治理、生态宜居、信息资源、改革创新等领域都有所提升。

4. 数字化乡村建设

20 世纪 80 年代以来中国尝试在乡村进行扶贫。如今的数字技术能够帮助扶贫工作更好地开展。

- 使用多维数据动态追踪贫困信息并进行扶贫资源整合。AI 和大数据能够对贫困户进行预测，在贫困户需要的时候及时采取措施。可通过信息数据化等技术建立扶贫数据库和网络平台，推动各地扶贫信息联网。例如，2016 年汉中市扶贫开发办公室利用阿里巴巴的钉钉平台研发出一款脱贫攻坚和精准扶贫信息系统。系统上线后，全市扶贫干部收集贫困人口各类信息进行综合分析，为全市 23 万户贫困人口建立了云档案。
- 利用数字技术帮助贫困户进行学习。越来越多的企业推出一系列

AI 产品帮助贫困地区的年轻人接受良好教育。百度的“网络扶智计划”汇集了百度旗下多个软件，与多地开展了合作。其中，“智慧课堂”是基于百度的 AI 技术打造的教育平台。通过该平台，乡村教师可免费使用系统内的教学课件进行教学。

- 帮助创建新就业岗位。数据标注师是随着 AI 的发展出现的一个新兴就业岗位。其主要工作内容是教会 AI 认识数据，帮助 AI 更好地发展。近年来，数据标注产业促进了不少城镇和农村人口就业。2019 年 8 月，支付宝公益基金会、阿里巴巴 AI 实验室联合中国妇女发展基金会启动了“AI 豆计划”，通过提供免费职业培训帮助脱贫攻坚。

目前，工业和信息化部联合财政部组织实施了 6 批电信普遍服务试点，支持 13 万个行政村通光纤和 5 万个 4G 基站建设，并优先支持“三区三州”等深度贫困地区加快网络覆盖和普及应用，全国行政村通光纤和通 4G 比例均已超过 98%，贫困村的固网宽带覆盖率达 99%，实现了全球领先的农村网络覆盖。

7.2 数字金融

数字金融是指互联网及信息技术手段与传统金融服务业态相结合的新一代金融服务。产业全面数字化自然也影响着金融业。用户不再需要线下办理业务。生物识别的无感支付逐渐替代刷卡支付。银行等传统机构逐渐转型，成为数字科技的体验中心。一般来说，目前的数字金融主要包含 3 项突破：银行体系创新、资产管理优化和支付方式改进。

7.2.1 银行体系创新

在传统的支付体系下，银行是支付活动中心。我们办理业务必须前

往银行。新时代下的银行可以通过手机银行等更快捷的方式帮助客户办理业务，减少客户排队等候的时间，优化办理效率。数字金融对银行体系的创新主要体现在 3 个方面：银行的数字化转型、手机银行的发展以及精准营销。

银行的数字化转型目前采用的是一种叫作“中台”的模式。中台的概念来自互联网公司，它负责对公司业务提供全方位的支撑。在中台模式下，当银行需要开发新产品或调整原有产品时，不需要重新开始研发，只需要借助沉淀在中台的能力，就可以调整已有的业务链来达到产品转型的目的。中台模式可有效降低研发成本，提高业务效率，去除不必要的流程。从图 7.3 可看出，使用中台模式之后业务办理更加快捷、简便。

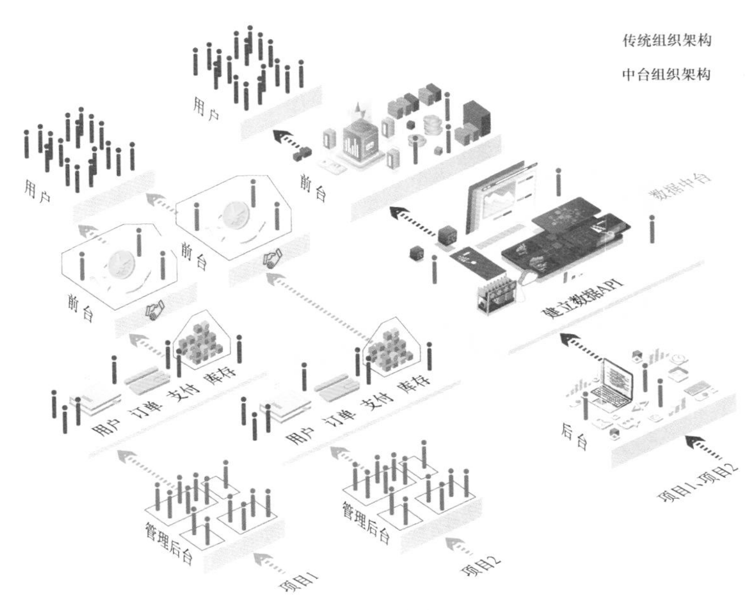

图 7.3　中台模式

以京东科技为例，其中台战略定位为：对内支持精益运营、快速创新，对外推进行业服务。中台与前台和后台共同发力。前台是一线作战单元，强调与中台和后台敏捷交互及稳定交付的组织能力建设；后台则以共享中心建设为核心，为前台和中台提供专业的内部服务支撑，强大的中台支撑核心能力沉淀、支持业务精益运营和快速创新。

手机银行可以被视为银行的衍生品。就目前情况来看，手机银行确实运用了非常多的前沿科技，打开手机银行 App，用户可以欣赏到炫目的界面，使用多样的功能，但这并不意味着手机银行会获得用户的青睐。各家商业银行没能充分利用大数据、区块链、云计算等新兴技术，推出的手机银行产品同质化现象明显，竞争手段传统且单一。还有应用范围局限、开通手续复杂、人群结构单一、存在额外的服务费用、操作过程烦琐、使用过程不顺畅等问题，手机银行的交易量长期增长缓慢。

线上营销活动始终是用户运营的“好帮手”。互联网企业的创新的营销模式，真正做到了招揽客户。例如，拼多多在 2019 年上线了“天天领现金”活动，上线一周内为 App 增加了 1700 万日活。对银行来说，抛弃传统的营销，转而拥抱新时代的互联网营销可以让银行的业务重获新生。

线上营销一般有两类经典活动。一类是节点促活类活动，适合在短期内吸引大量新用户。例如，某银行 App 的金猪存钱罐活动，最终用户参与率为 81.6%。活动玩法是金币掉落进入存钱罐，用户点击即可收取。App 设置道具奖励、高激励卡点和大额奖励来增强活动黏性。另一类是裂变任务类活动，主要用于唤醒沉睡用户。例如，招小喵存钱罐参与人数超 40 万。活动玩法就是用户摸猫升级，并积累金币，兑换奖励。在前期调研中，银行了解到用户群体偏年轻化。于是针对年轻人云养猫的爱好，确定了对应的玩法。在活动中，活动界面不断出现对话框引导用户完成任务，提升转化率。

数字人民币的发展，让银行的业务有了新的发展方向。这种特殊的货币只需要一张带有电子显示屏的卡或使用手机，就能快速进行支付。可以说，数字人民币拥有一些 NFT 的功能，例如电子钱包功能和支付功能等。自 2019 年末到 2023 年，全国已有 17 个省市的 26 个地区开展了数字人民币试点。数字人民币可以推动现实经济数字化，推动我国金融系统和支付结构的全面数字化转型。除此之外，它还可以提高交易安全性和效率，方便跨境交易和支付。

7.2.2 资产管理优化

资产管理业务指的是资产管理者根据合同约定的方式对客户资产进行运作，并收取费用的行为。数字经济在资产管理科技上对于金融机构也有不小的帮助①。截至2015年底，中国各类资产管理机构管理资产总规模达到约 93 万亿元，过去 3 年年均复合增长率为 51%。2020 年规模达到 174 万亿元人民币，2015 ～ 2020 年年均复合增长率为 17%。未来养老资金在资产管理市场中的比重将大幅增加。从资产管理类别上来看，被动管理型和除非标固收外的另类投资（如指数型基金、私募证券基金、私募股权基金）整体发展较快。而在主动管理型中，股票类产品发展仍然较快，跨境类产品也有较大潜力。面对资产管理业务的快速发展，金融行业亟须一系列新科技来应对不断变化的需求。

1. 智能投顾

智能投顾（Robo-Advisor）是一种提供自动化计算的财务规划服务。通常来说，一个机器人顾问会询问你的财务状况和未来目标；随后它将使用这些数据为投资者提供建议并自动进行投资。大多数机器人智能顾问会使用现代投资组合理论来进行投资组合的索引。另一些更先进的机器人顾问也会模仿对冲基金的战术提供优化的投资组合。它们还可以处理更复杂的任务，如投资省税、资产组合和退休计划等。

机器人顾问的主要优势是它们的成本相比人工更低。因为不需要支付人力费用，在线平台可以以更少的成本提供相同的服务。大多数机器人顾问每年收取的固定费用不到管理的特定金额的 0.5%。这比一般财务规划师收取的 1% 至 2% 要低得多。机器人顾问也更容易联系，只要用户有互联网，用户就可以全天联系它们。机器人顾问的账号注册所需的资金也更少，类似 Betterment 这样低成本的机器人顾问甚至不设置最低限额。

美国目前的智能投顾公司分为两类。一类是以机器为主的智能投资。

① 金天，杨芳，张夏明 . 数字金融：金融行业的智能化转型 [M]. 北京：电子工业出版社，2021.

它们首先通过问卷调查来查询客户的风险偏好，随后根据客户偏好通过算法来计算投资的组合。另一类是人机结合的智能投资。这一类公司不只是依靠算法评分，还会由顾问凭借自己的经验帮助客户作出最终的决策[1]。

2. 风险控制

风险控制是企业评估潜在损失并采取行动减少或消除此类威胁的一套方法，可用于识别企业运营中的潜在风险，例如技术问题、财务问题以及可能影响企业发展的任何其他问题。风险控制的目的是通过改变企业政策来降低风险。

现代企业面临各种各样的障碍，如竞争对手和潜在危险。风险控制的核心概念是避免损失，企业采用可能的方式避免风险的发生。如果无法完全避免损失，那么企业可以尝试降低损失带来的危害或降低损失的概率。企业可采取的行动包括分散关键资产、创建备份计划、使用可替代的技术和多元化业务线等。

数字经济能够通过大数据和云计算来帮助智能风控行业进行改良。智能风控指的是运用技术手段来进行风险控制以提升控制的效率和精确度。例如，舆情、股票价格等非结构化数据主观性较强，用传统的线性结构难以稳定地进行预测。另外，云计算和分布式架构可以用来实现多资产的组合风险管理，允许金融机构设置不同的风险因素进行组合的测算。

7.2.3 支付方式改进

现代支付方式可以简单地分为 4 个阶段。

- 第一个阶段是现金支付，人们不管到哪里都必须带上自己的钱包，否则就什么都买不了。钱包遗失会出现很大的问题。
- 第二个阶段以银行卡支付为主。1985 年，中国的第一张银行卡开启了中国人使用银行卡消费的时代。但这一阶段每个银行都只能使用自家的 POS（Point Of Sale，电子付款机），不同银行间货币很难流通，这为消费者们带来了难题。

---

① 金天，杨芳，张夏明 . 数字金融：金融行业的智能化转型 [M]. 北京：电子工业出版社，2021.

- 第三个阶段是移动支付。2014 年，线下扫码的出现拉开了移动支付的序幕。只需用手机就能支付，免去了许多银行卡支付带来的麻烦。
- 第四个阶段是更新的支付方式。随着数字支付等更新的支付方式出现，未来人们的付款只会变得更加便捷。

今天的支付方式以数字支付为主。数字支付是借助计算机等技术实现的支付方式。数字支付的优势在于它不仅支持法定货币的支付，还支持数字货币的支付。除此之外，数字支付也可以更好地完成跨境支付的任务。传统的跨境支付依赖于 SWIFT（Society for Worldwide Interbank Financial Telecommunication，环球银行金融电信协会）体系。SWIFT 体系为了避免出现金融诈骗，在每一次支付时都需要通过加密电报进行沟通来确认身份，因此它的效率较为低下。虽然有 Visa 和 MasterCard 两大信用卡体系帮助支付，但两者的底层支付仍然是依靠 SWIFT 来完成的。

在国内、国外均有许多项目尝试突破 SWIFT 的垄断。Libra 是由 Facebook 公司于 2019 年夏天推出的全球数字货币，其目的是让企业和个人可以轻松地在世界各地进行货币交易。2019 年 6 月 18 日，Libra 项目正式出现在公众面前。Facebook 公司承诺 Libra 可以让用户在几乎没有佣金的情况下购买商品和汇款。而 Facebook 公司不是单独拥有该项目。该项目由所谓的 Libra 协会控制，该协会包括 Uber、Lyft、Spotify 和 Andreessen Horowitz 等 27 个投资方。

最初，Libra 于 2020 年上半年上线。就在 Facebook 公司宣布推出 Libra 的同一天，美国众议院要求该公司暂停该项目的工作直到当局就加密货币举行听证会。美国政府的担忧显而易见。全世界有近 30 亿人使用 Facebook，如果他们中有至少三分之一的人开始积极使用 Libra，那么可能会给金融系统带来不可预见的后果。在随后的几周里，越来越多的美国官员开始表示应该暂停 Libra 的开发。时任美国财政部部长史蒂文 · 姆努钦（Steven Mnuchin）表示 Libra 可能被用于洗钱和恐怖活动，他将该公司的项目描述为国家安全问题。Facebook 公司因此在听证会上表示 Libra 将会暂缓上线。扎克伯格在 2019 年 7 月底表示，Facebook 将说服监管机构相信 Libra 的安全。此外，其他国家和组织的监管机构也参与了加密项目的验证，例如欧盟委员会对 Libra 协会展开了反垄断调查。

2020 年 12 月，Libra 宣布更名为 Diem。更名的目的是使该项目与加密货币的名字保持距离。2021 年 10 月，Facebook 公司将母公司更名为 Meta，几名关键开发者离开了 Diem。2022 年 1 月底，媒体报道称 Diem 项目正式关闭。媒体认为，Facebook 公司是一家跨国公司而不仅是美国公司。美国的官员们认为太多的资源已经集中在大型 IT 公司手中，有必要对它们作出一些限制。

再看向国内，2018 年 11 月，腾讯宣布将与日本即时通信平台 Line 合作为日本小型零售商提供移动支付服务。有趣的是，Line 的竞争对手恰恰是刚宣布与阿里巴巴合作的雅虎日本。2015 年 2 月，蚂蚁与印度当地电子钱包 Paytm 展开战略合作，打造了印度版“支付宝”。蚂蚁对 Paytm 进行技术输出，直接带去了自行研发的安全风控技术、防欺诈技术、反洗钱技术等。截至 2023 年上半年，Paytm 用户数超过 2.2 亿，跃升为全球第三大电子钱包。除了阿里巴巴、腾讯两大支付巨头，京东金融和百度钱包 2022 年也将目光瞄向了海外市场。2022 年 9 月，京东金融宣布与泰国尚泰集团有限公司成立合资公司，为泰国用户提供金融科技服务。在获取相关牌照和资质后，合资公司将提供电子钱包、消费金融等产品和服务，在泰国地区提升用户在支付、信贷、消费领域的体验。未来，合资公司还将陆续展开供应链金融、保险理财等服务。百度方面也有大动作。2022 年 7 月末，百度宣布与 PayPal 达成战略协议。根据协议内容，PayPal 将与百度金融服务集团合作，目标是在中国消费者和境外在线企业之间进行跨境支付，百度的支付平台百度钱包将吸引全球更多商户接入。

随着 NFT 的出场，未来的支付方式或许又会发生变化。未来的支付工具或许会变得更加多样化，人们或许可以对支付工具进行更大程度的定制化操作，在彰显个性的同时完成现金流的操作。

7.3 去中心化金融和代币经济

互联网时代的金融体系在不断变化，从传统的现金消费再到支付宝、微信支付等移动支付的横空出世，再到 Web 3.0 中去中心化金融的发展探索。每一次金融体系的革新都会为社会带来巨大的变化。在研究 NFT 与数字经济的关系时，两个有趣的概念出现在我们的视野中：去中心化金融和代币经济。本节将介绍这两个概念以及它们和 NFT 的关系。

7.3.1 去中心化金融是什么

DeFi 描述了一种不需要传统的中介机构即可运行的金融系统。我们已经习惯了通过银行和其他金融机构（如全球交易所）进行所有金融交易，DeFi 却创造了另一种可能。DeFi 使我们能够以更高效和透明的方式享受许多金融服务，如投资保险、交易和借贷。它不是促进各方之间的交易和服务的银行，而是使用开源协议和公共区块链开发形成的一个去中心化金融运作的框架。

有两个核心组件可以让财务系统发挥作用：基础设施和货币。在传统的金融体系中，银行是基础设施，法定货币（如美元）是货币。DeFi 取代了这些组件来提供全方位的金融服务。DeFi 的基础设施是以太坊，一个编写去中心化程序的平台。通过以太坊，我们能够创建智能合约——可用于管理金融服务的自动化代码。智能合约可以用于建立一套金融服务运作的规则并将这些规则部署到以太坊。一旦部署了智能合约，就无法更改。用户可以在以太坊上构建应用来建立任何金融服务，还能通过智能合约自主管理这些服务。

为了创建一个可靠、安全的去中心化金融系统，DeFi 需要一种稳定的货币。由于以太坊自身的可编程加密货币 ETH 具有高度波动性，DeFi

通常不会使用 ETH 而是发行自己的稳定币。稳定币是一种将其价值与法定货币相匹配的加密货币。例如，DAI 就是一种与美元挂钩的去中心化稳定币，即 1 DAI 的价值为 1 美元。DAI 的价值由加密货币抵押品支持，这是一种理想的货币。

7.3.2 DeFi 和 NFT

DeFi 和 NFT 是目前区块链技术最流行的两种应用，它们的组合能为企业带来提高利益的可能性。虽然 NFT 通常只被看作艺术品或收藏品。但借助近期的宣传，NFT 在拍卖中获得了巨大成功。以下讨论将帮助你找到在 DeFi 中使用 NFT 实现最佳价值的可能方法。例如，以太坊推出了 ERC-20 代币作为数字资产的表示，NFT 可以很容易地作为数字所有权的证明。以下是几个 DeFi 中 NFT 可能的应用。

- 解决抵押问题。DeFi 和 NFT 组合最重要的方向是解锁价值。我们很难确定 NFT 的具体价值，因为它们相当主观。一幅画的价格也许有 100 万美元，但只有在有人愿意支付时才能体现价值。不过 NFT 的使用可以帮助贷款人确定抵押金额。贷款人将考虑不同的因素，例如考虑 NFT 的标签、特性或根据个人经验等来评估抵押金额。传统艺术在现实世界中通常被用作抵押品。
- 解决曲线模型的问题。曲线模型出现在与流动性相关的 DeFi 协议的最新版本中。DeFi 中的曲线模型意味着流动性的不可控。NFT 和 DeFi 组合成功地为服务商提供了确定流动性的便利方法。服务商可以很容易地评估资本并解决曲线模型中的流动性积累问题，降低投资风险。
- 解决版税共享、许可和所有权问题。DeFi 平台与 NFT 结合于音乐行业的例子是对艺术世界的突破。NFT 在允许内容创作者拥有所有权和利润方面发挥了关键作用。NFT 的所有者可以从其作品的流媒体收入或转售价值中获得可靠的份额。此外，通过 NFT 维持可验证的收益是一种有效的抵押方案，可以更容易地获得贷款。通过 NFT 将艺术品和收藏品货币化已经成为 NFT 解决版税共享、许可和所有权问题的大方向。

7.3.3 token 是什么

token 的本义是指位于某个体系之内的价值象征，出了这个体系它毫无价值。token 的核心概念是对想要强化的目标行为进行奖励和鼓励。得到 token 的人可以用它兑换想要的物品、服务或任何形式的价值。在网络通信中，token 是指“令牌”，在以太网成为局域网的普遍协议之前，IBM 曾经推过一个叫“令牌环网”的局域网协议。网络中的每一个节点轮流传递一个令牌，只有拿到令牌的节点才能通信。区块链世界的“令牌”指的是类似于比特币这样的代币。美国证监会认为，在实用型通证和证券型通证的分类下，除了比特币和 ETH，所有 token 都具有通证特征。

通证需要具备三要素：权益、加密、流通。第一是权益，即通证必须是以数字形式存在的权益凭证，它必须代表的是一种权利，一种固有和内在的价值。第二是加密，即通证的真实性、防篡改性、保护隐私等能力，由密码学予以保障。每个通证都是由密码学保护的一份权利。第三是可流通，即通证必须能够在一个网络中流动，从而可以随时随地验证。

7.3.4 代币激励制

代币激励制起源于比特币。按照惯例，区块链中的第一笔交易是一笔特殊的交易。这块区块链的创建者将拥有一枚新硬币。这增加了比特币节点支持网络的动力，提供了一种最初将硬币分发到经济循环中的方式。因为在数字货币场景下没有中心化机构来发行新硬币，所以只能用这种策略激活货币的循环和流通。

该奖励也可以通过交易费用来资助。如果交易的输出值小于其输入值，则差额为交易费用。一旦预定数量的硬币进入流通，奖励可以完全过渡到交易费用。这么做可以消灭通货膨胀。代币激励还可以鼓励节点保持诚实。如果区块链的攻击者能够比所有守序的节点聚集更多的算力（超过一半），攻击者就会发现遵守规则比破坏规则更有利可图。

节点通过在有效区块的 Coinbase 交易中奖励自己的硬币获得收入。

但是有一条规则，只有建造了100 个区块后才能获得 Coinbase 奖励。这意味着，如果没有大多数竞争节点的支持，Coinbase 奖赏可能永远无法获得，其包含的硬币自然无法使用。

7.4 NFT 与金融

随着 NFT 在金融领域的操作越来越多，有必要对这些新出现的操作进行介绍。本节将介绍几个 NFT 在金融领域的操作，包括 NFT 碎片化协议、NFT 租赁、NFT 贷款、NFT 定价和 NFT 聚合器，如图 7.4 所示。

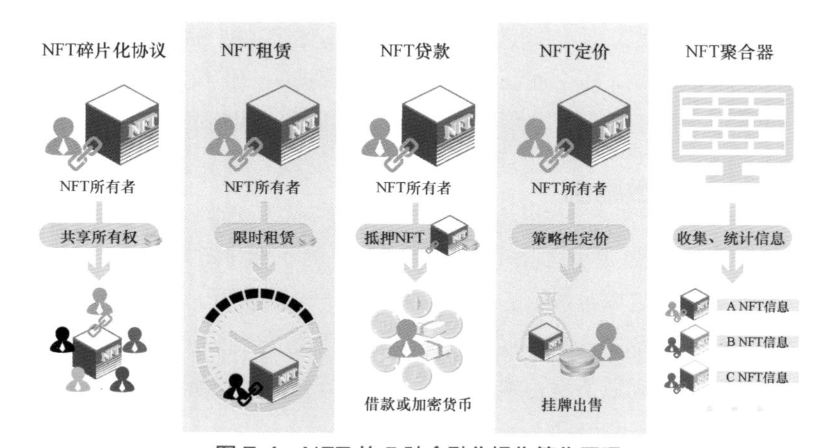

图 7.4 NFT 的 5 种金融化操作简化原理

7.4.1 NFT 碎片化协议

NFT 市场最大的问题是高估值和低流动性并存。2021 年，围绕非金融信托的市场几乎被一致看好，结果是一部分项目吸引了过高的估值，许多感兴趣的买家因为过高的价格不得不放弃投资。估值过高对缺乏足

够资本的投资者来说是一个坏消息，他们过少的资本几乎无法获得投资回报，因此被迫将代币闲置。

允许代币进行某种所有权共享能够解决估值和流动性问题，这种操作也被称为 NFT 的碎片化。碎片化允许 NFT 持有人将其在 NFT 中的所有权细分并将所有权出售给感兴趣的买家。从持有者的角度来看，出售零碎所有权可以让他们在 NFT 上实现流动性。从投资者的角度来看，他们只需购买一小部分高价值 NFT 就可以在令人垂涎的市场中获得机会。这让投资者不会被过高的定价困住，可以更加灵活地分散投资组合。现在已出现一些专门的 NFT 碎片化市场来满足投资者购买、出售或铸造 NFT 的部分所有权的需求。

碎片化市场的领导者是 Fractional.art（碎片化艺术）。NFT 碎片化协议允许 NFT 持有者对其代币进行细分。Fractional.art 平台获得了加密风险投资者的一些支持。2021 年 3 月，机器人风险投资公司牵头进行了一轮 50 万美元的种子前期融资，之后，该平台在 8 月初由 Paradigm 牵头的种子轮融资中又筹集了 790 万美元。

Fractional.art 的碎片化过程始于 NFT 持有人选择将他们的 NFT 锁在所谓的“保险库”中。这些保险库是经过审核的智能合约，也是碎片化协议的一部分。持有者可以随时锁定单个 NFT 或多种 NFT 组合。在配置细分参数后，持有人将其 NFT 的保管权转移到保险库并以 ERC-20 代币的形式获得全部的细分股份。在那之后持有人就有权决定如何将细分股份分配给潜在买家。作为使用碎片化协议的回报，持有者可以按其资产分数的百分比获得年度管理费。

对投资者来说，Fractional.art 允许在保险库中的投资者就基础代币的储备价格进行拍卖。在拍卖结束时，出价最高的一方有权获得 NFT。

另一个更流行的碎片化协议是 Unicly。它旨在解决早期 NFT 细分尝试中发现的一些痛点。首先，在给定的时间内只能对单个 NFT 进行细分，这是对早期 NFT 主要的限制因素。对 NFT 进行细分的能力让 NFT 面向更多元化的市场，也让 NFT 的拥有者获得比拥有单一代币更大的利益。Unicly 的碎片化协议和其他的明显不同。为了解决只能对单个 NFT

进行细分的限制，Unicly 引入了与 Fractional.art 大致相同的方式对不同集合进行细分。不过 Fractional.art 只提供 ERC-721 代币的细分，Unicly 则将其产品扩展到 ERC-1155。

实现高价值 NFT 集体所有权的一种方法是使用 PartyBid 协议。潜在投资者可以通过这种协议邀请各方人员参与以集中资源。任何人都可以加入或创建一个 PartyBid 协议在不同的 NFT 市场上进行拍卖。投标人在其集体行动中贡献以太坊以赢得拍卖。任何未用于拍卖的多余资金均可由其原始出资人取回。拍卖中标的一方成员将获得 ERC-20 代币，这些代币代表其在 NFT 中的比例。

在 NFT 碎片化的热潮来临前，我们不得不考虑 NFT 中的部分所有权份额与 NFT 本身的交易所有权构成的法律冲突。这涉及知识产权问题，以及谁最终可以对代币有所有权。多个个人同时拥有一个碎片化的 NFT 让确定所有权人变得极其困难。美国证券交易委员会的赫斯特 · 皮尔斯（Hester Peirce）曾公开警告代币持有人和市场有关出售或促进碎片化 NFT 交易的法律风险。她指出 NFT 的不可替代性让它本质上很难归类为证券。然而出售 NFT 的部分权益代表了对这些不可替代资产的扭曲，这将使卖方面临更大的风险。

总体而言，NFT 的合法性并不比数字资产更明确。尽管猜测毫无疑问将继续，但只有时间才能揭示未来会如何发展。在数字艺术领域，部分所有权的概念并没有受到欢迎。只有 19% 的专业艺术人士对此感兴趣。相比之下，碎片化的 NFT 却在急剧增长。DappRadar 报告称碎片化 NFT 产品的市值已经超过 2.4 亿美元。

7.4.2 NFT 租赁

NFT 租赁指的是一个拥有 NFT 的人在一段有限的时间内将 NFT 租给另一个人。购买 NFT 并不便宜，即使是最便宜的 NFT，只要它们有点名气就无法以普通个人购买力范围的价格购买。这个时候你也许就需要 NFT 租赁。

NFT 租赁在 NFT 生态系统中建立了一个二级市场，为租赁者提供

收入来源。对使用者来说，NFT 租赁提供了一种廉价的方式来体验只有拥有 NFT 才能享受到的一些设施和服务。以斯托纳猫（Stoner Cat）为例，它是由美国女演员米拉 · 库尼斯（Mila Kunis）创作的 NFT。只有持有 NFT 才能观看斯托纳猫的动画和电视节目。出租斯托纳猫 NFT 将允许看过所有内容的租赁者从其持有的 NFT 中获利。这就类似于租一张 DVD 或一部电影，这种操作可以省下一大笔钱。

随着 NFT 进入游戏和音乐行业，NFT 租赁将越来越受欢迎。现在知名的服务平台有 reNFT、Vera 和 Trava。reNFT 和 Vera 最近获得了大量关注，风险投资公司分别为这两个平台筹集了 150 万美元和 300 万美元的种子资金。随着对 NFT 租赁的需求越来越多，未来将有更多类似的租赁平台出现。NFT 租赁目前已经拥有了如下应用。

- 个人形象：许多人使用 NFT 作为他们的个人形象以获得尊重。Twitter 的 NFT 验证即将到来，这项服务将真正为那些试图在 NFT 领域扩张名气的人带来好处。
- 艺术展览：有许多场馆开始创建 NFT 画廊或装置。NFT 的租赁服务能够更好地帮助 NFT 画廊和场馆提供展示服务，减少可能的冲突。
- 数字艺术交易：NFT 租赁将催生一个完整的数字艺术交易产业。数字艺术交易商将代表 NFT 收藏者销售 NFT。数字艺术交易商可以一次将多个客户的 NFT 放在钱包中而不会产生任何冲突。
- 游戏贷款：随着 NFT 游戏的兴起，NFT 游戏项目的所有者可以通过将 NFT 出租给其他玩家来赚取收入。玩家可以使用这些物品并提升他们的角色。

然而，NFT 租赁面临着多种潜在的问题。无论原始资产的潜在价值如何，所有参与者都能更容易地获得 NFT，那么 NFT 本身的价值，是否会在租赁的过程中得到提升呢？ NFT 租赁也许会引发借款人和贷款人的冲突。即使有 IQ 协议确保原始资产安全，目前也无法确保冲突完全不会出现。此外，NFT 的匿名性质，是否会成为洗钱等黑产业链的保护伞？目前我们还无法给出答案。

7.4.3 NFT 贷款

贷款是一种信贷方式，是指一个机构或个人将一笔钱借给另一方以换取未来的偿还。在大部分情况下，除了本金，贷款人还必须向借款人偿还基于本金的利息或财务费用。贷款可以是特定的一次性金额，也可以是规定限额的开放式信贷额度。贷款有多种形式，包括有担保、无担保、商业和个人贷款等。DeFi 和 NFT 的结合创造了一种新的经济方法，那就是加密市场的 NFT 贷款。NFT 所有者可以通过将其 NFT 作为抵押品来借款。

NFT 贷款是一种基于区块链的金融方法，借贷人从贷款人获得指定 NFT 实际价值的 50%，以投资并获得数字资产。DeFi 平台为有兴趣参与的组织或个人提供 NFT 贷款。平台允许 NFT 所有者以加密货币或法定货币抵押其 NFT。通过 NFT 贷款，贷款人可以从贷款利息支付中获得收益。NFT 所有者可以将 NFT 作为抵押品来获取更多现金，然后他们可以将这笔贷款用于投资 DeFi，甚至购买更多 NFT。

NFT 贷款涉及三方。贷款人出借加密资产以换取利息；借款人从贷款人处获得贷款以收集或增加更多 NFT；借贷平台持有 NFT 抵押品，直到借款人将贷款还给贷款人，该系统使用智能合约来管理整个系统。请记住，NFT 贷款平台允许借款人获得约为 NFT 价值 50% 的贷款金额。

NFT 贷款目前已经有多个可能的应用。首先是连接加密钱包。当用户抵押 NFT 资产时，平台的应用可以在加密钱包中反映其价值。根据计算出的价值，用户可以获得对应的贷款。其次是多平台 NFT 金融交易所，类似于 Binance 和 FTX 这样的交易平台已经出现，在这种环境中的 NFT 贷款可以将它们连接到加密货币交换功能之外，用户可能会利用一个市场的 NFT 从另一个加密交易平台获得贷款。最后是元宇宙 NFT 贷款，为加强加密金融世界，可以开发元宇宙 NFT，建立可以转化的交互式 NFT。在图 7.5 中我们列举了一些 NFT 贷款的优点和缺点。

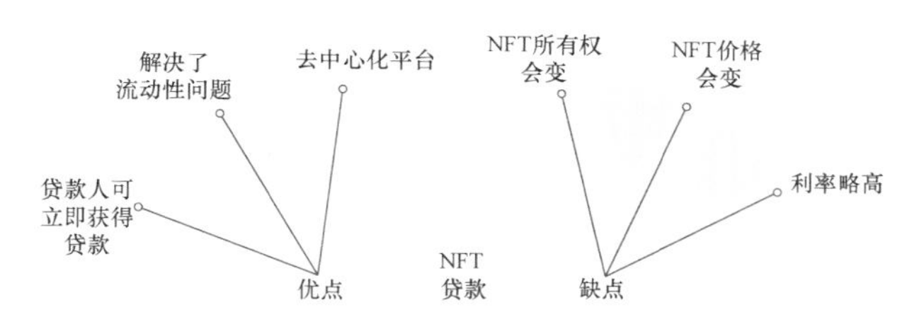

图 7.5 NFT 贷款的优点和缺点

7.4.4 NFT 定价

无论是购买还是售卖 NFT 都需要对商品进行定价。本节将讨论如何对 NFT 进行定价，如何判断 NFT 的价值，以及用户应该为 NFT 收取多少费用。虽然没有固定的策略来为 NFT 定价，但卖家可以选择在二级市场以挂牌价格出售。他们也可以以买方愿意支付的价格成交。如果价格定得太高，那么就有永远卖不出去的风险；如果价格太低，那么用户就会亏本。以下是一些帮助你确定应该为 NFT 收取多少费用，或者如何为 NFT 定价的思路。

创建和售卖 NFT 包含不同类型的成本，如创作成本和人工成本。对那些没有软件开发背景的人来说，使用像 TokenMint 这样的零代码标记化平台可能是一种替代选择。其他成本包括铸造成本、波动的汽油费、铸造或上市非金融代币的市场费用、NFT 市场收取的销售费用和营销费用等。常见的售卖 NFT 的费用如下。

- 采矿费：在生成身份验证证书之前需要生成 NFT。然而每个 NFT 都需要在出售前铸造，这些都是需要钱的。
- 上市费用：当 NFT 上架二级市场时将产生费用。例如，在 eBay 网站上列出实体产品时会收取费用。
- 平台佣金：当购买 NFT 时二级市场以百分比形式收取佣金。例如，Foundation 目前的佣金是交易总额的 15%。
- 托管费（付款后）：要将钱取出并放入钱包，需要支付额外费用。

该费用可能为 30 ～ 55 美元，主要取决于你使用的平台。

稀有的 NFT 比普通的 NFT 价值更高。限量版 NFT 的定价显然高于常见的 NFT。就功能而言，公用事业代币更有价值。因为它们的所有者可以使用它们购买商品和服务。如果实在无法确定价格，那么用户也可以在 OpenSea 或 Rarible 等市场出售他们的作品。成功销售 NFT 的第一步是了解行业、NFT 开发中使用的区块链、非金融代币的市场、艺术家在该领域已经销售的常见类型 NFT，以此来确定价格的范围。下一步是选择一个符合你目标的 NFT 市场，并在定义 NFT 的独特价值主张之前确定创建、铸造、服务和销售成本。创作者可以以任何合适的价格为 NFT 定价。创作者拥有独特且有吸引力的价值主张会让他们的 NFT 独一无二，这对提高 NFT 的价格来说至关重要。

然后是研究出售 NFT 的方法。NFT 可以通过两种常见的方式出售：固定价格或拍卖。用户可以为 NFT 设定固定价格看看是否有人想买。如果用户想测试市场，也可以选择加入一场拍卖。拍卖一般有两种：一种被称为英国拍卖，在英国拍卖中，NFT 在预定的时间段内等待出价，最后出价最高的人获胜；另一种是荷兰拍卖，这是一种降价拍卖，在成交之前价格一直在下降。

从 NFT 出售策略的角度，目前的 NFT 市场上出现了两种不同的人。一种被称为“钻石手”（Diamond Hands），钻石手在面临风险时会始终坚持到最后。他们不会被价格的大幅波动吓倒。他们长时间持有资产，不管他们是否已经获得巨额利润。另一种被称为“纸手”（Paper Hands）。纸手一遇到麻烦就会卖出。当他们的投资转为盈利或平衡时，他们也更有可能出售。换言之，纸手的策略对风险的偏好非常低，有时这种策略会错过收益。

7.4.5 NFT 聚合器

简单来说，NFT 聚合器是聚集 NFT 项目的平台。自从 NFT 在数字资产市场蓬勃发展，支持 NFT 的在线平台迅速出现。数百个 NFT 交易平台在不同的区块链上销售 NFT。这使得搜索 NFT 变得更加复杂，尤

其是对刚进入市场的新人来说。NFT 聚合器通过将来自多个 NFT 交易平台的交易数据组合在一起来解决搜索的问题。它们在一个界面中进行定价比较可以让买家轻松地获得他们想要购买的资产的所有信息，也让买家更容易发现新的 NFT。NFT 聚合器能够节省买家的时间，并为有前景的 NFT 项目提供风险敞口。买家可以访问 NFT 聚合器，获取他们所需的所有信息，而不是浪费几小时来浏览藏品。

NFT 聚合器从各种来源收集 NFT 数据或信息，对其进行分类并将其提供给搜索引擎。NFT 聚合器的工作流程如下。

（1）组装信息：从一个或多个区块链上的 NFT 交易平台收集交易数据。这些数据对于下一步行动非常重要。

（2）综合数据：将收集的数据组合在一个目录或界面中并为平台提供一个入口。当查询数据时这个入口将使买家获取数据变得简单。

（3）数据分类：需要根据某些指标或因素（如稀有度、时间、价格、排名等）对组合数据进行分类。这简化了买家的数据分析。

（4）提供检索：该功能允许买家跟踪首选 NFT。一些应用还提供过滤功能帮助买家精确定位所需的 NFT。

（5）批量采购：买家可以使用 NFT 聚合器购买多个 NFT。买家还可以轻松地堆叠多个 NFT 并一次性购买，节省大量时间和精力。

NFT 聚合器为 NFT 买家和卖家提供了许多好处。

- 实现汽油费的降低。如果你希望在当前大多数 NFT 交易平台上购买许多 NFT，通常必须单独购买每个 NFT，这导致需要为交易支付许多费用。然而，使用 NFT 聚合器，用户可以同时进行许多交易，因此他们只需支付一笔交易的汽油费。
- 用户友好的界面。如上文所述，NFT 聚合器允许用户在不切换交易平台的情况下交易 NFT，它在单个界面中显示来自许多 NFT 交易平台的产品，即使是新手也可以轻松使用。
- 强大的搜索引擎。由于运用搜索算法和排序算法，NFT 聚合器允许用户使用元数据甚至自然语言搜索他们想查询的任何 NFT。
- 时间和精力最大化。因为 NFT 聚合器提供了许多工具，使买家更容易购买 NFT，所以它比其他常规交易平台更省时、省力。NFT 聚合器使用区块探索者提供的智能合约数据来显示交易活跃度最高的 NFT，让买家了解当前交易最多的 NFT；记录和跟踪累计交易量和最高交易额，让买家了解 NFT 市场的重要统计数据。

第 8 章

NFT 的风险与监管

NFT 是 2022 年最热门的话题之一，随之而来的是 NFT 市场的快速增长。虽然图片和视频等数字项目是 NFT 交易的常见资产，但实体资产（如邮票、黄金、房地产、实体艺术品等）的销售也在稳步发展。根据追踪跨多个区块链的去中心化应用的数据采集和分析公司 DappRadar 的数据，相较于 2020 年不足 1 亿美元的市场规模，2021 年 NFT 市场正在以迅雷不及掩耳之势进入大众视野。

然而，与任何新技术一样，NFT 也存在着被滥用的风险。随着 NFT 市场以数百万美元的交易额爆炸式增长，网络犯罪分子和欺诈者快速涌入市场，利用各种手段欺骗消费者以快速获取利益。因此，无数的 NFT 骗局成了头条新闻。

本章将讨论 NFT 主要的欺诈种类、NFT 市场存在的风险和问题，以及 NFT 在金融监管领域的问题。最后，我们将探讨在尝试将数字艺术货币化的同时，如何确保 NFT 的合规性以及一定的市场监管。

8.1 NFT 欺诈种类

对投资者而言，NFT 交易可能存在欺诈风险和金融犯罪风险。这些风险主要与 NFT 及其市场的性质、NFT 交易中的波动性和匿名性有关。

NFT 的性质与比特币或以太坊等其他代币不同，NFT 不可互换、不可分割且独一无二。这种稀缺性增加了它对收藏者和投资者的吸引力。然而，在 NFT 交易中，价值具有波动性，例如特定 NFT 因营销而突然升值。NFT 的价值还容易受到供求关系的影响，这类影响易被操作且不受监管，因此给投资者带来了一定风险。与早期的首次代币发行（Initial Coin Offering，ICO）类似，蓬勃发展的 NFT 市场也可能受到自由市场操纵。NFT 的价值可能会因社交媒体宣传，以及用户与自己进行交易，而人为膨胀[①]。

另外，NFT 交易的匿名性也给投资者带来了一定风险。与其他代币不同，由于一些商业原因，例如为了附加某位数字艺术创作者的知名度，NFT 在铸造过程中通常会带有匿名性。然而，NFT 市场通常不会对其用户的身份或 NFT 的真实性进行谨慎验证，这导致了 NFT 面临着潜在的被滥用的风险。一个人可能会注册出售未经所有者同意而铸造的 NFT，从而侵犯资产所有者的权益[②]。买家也可能购买到假冒的 NFT。2021 年 8 月，一位名叫 Pranksy 的 NFT 收藏家花费 100 ETH（约 244 000 英镑）在 OpenSea 市场上购买了一个 NFT。该 NFT 虚假宣传是由街头艺术家班克斯（Banksy）创作的，并且该 NFT 被黑客欺骗性地关联到艺术家的网站，以此误导买家。匿名问题还可能导致 NFT 被用于洗钱活动。

尽管 NFT 是一个相对较新的概念，但它已经成为多种欺诈类型的工具或手段。本节接下来会详细介绍一些涉及 NFT 的典型欺诈行为。

8.1.1 洗盘交易

洗盘交易（Wash Trading）是指为了向市场提供误导性信息而重复

---

① JORDANOSKA A. The exciting world of NFTs: a consideration of regulatory and financial crime risks[J]. Butterworths Journal of International Banking and Financial Law, 2021, 10: 716.

② VIDAL-TOMÁS D. The new crypto niche: NFTs, play-to-earn, and meta-verse tokens[J]. Finance Research Letters, 2022, 47: 102742.

交易资产的活动[①]。NFT 已经成为洗盘交易的工具之一。用户通过与自己或同伙进行交易来操纵供求关系，以制造对 NFT 的高需求假象，从而提高 NFT 的价值和知名度。从理论上讲，因为许多 NFT 交易平台允许用户通过简单地将他们的钱包连接到平台来进行交易，所以实现 NFT 洗盘交易的人员无须验证身份。因此，洗盘交易不可避免地成为 NFT 交易中常见且需要着重关注的行为之一。

本质上看，洗盘交易是一种市场操纵形式的活动，通过一个投资者同时出售和购买相同的资产，以在市场上制造虚假现象和传达误导信息。区块链分析公司 Chainalysis 的销售分析表明，一些自筹地址的 NFT 已经过数百次洗盘交易。据报道，基于以太坊的 NFT 交易平台 LooksRare 已成为洗盘交易的重要场所。2022 年 2 月早期，LooksRare 发布的交易量高于业界最受欢迎的 NFT 市场 OpenSea，但在该平台可以看到大量 NFT 交易在相同的两个钱包之间来回进行。

虽然传统证券禁止洗盘交易，但 NFT 洗盘交易目前处于一个模糊的地带，尚未纳入监管范围。NFT 洗盘交易的存在，使得购买人为操纵价格的 NFT 的买家受到了不公平对待，破坏了用户对 NFT 生态系统的信任，最终会影响 NFT 市场的发展。然而，监管机构已经开始关注 NFT 市场洗盘现象以及将反欺诈政策拓展应用到 NFT 市场，这种情况可能会得到改善。

8.1.2 洗钱交易

长期以来，由于一些艺术品易于移动，价格相对主观，并可能提供一定的税收优惠，因此犯罪分子有了可乘之机。犯罪分子可以用非法所得的资金购买艺术品，然后出售，从而使他们的钱看似干净，与最初的犯罪活动无关。与传统艺术品不同，NFT 不需要提供身份证件以协助验证资产所有权。影响传统艺术品价格的因素（如年代或实体状况），对数字艺术品价格的影响较小。这意味着 NFT 的定价可能更加主观，使犯罪分子

---

① VON WACHTER V, JENSEN J R, REGNER F, et al. NFT Wash Trading: Quantifying suspicious behaviour in NFT markets[J]. arXiv preprint arXiv:2202.03866, 2022.

有机可乘。

美国财政部发布的报告 *Treasury Releases Study on Illicit Finance in the High-Value Art Market* 中指出，NFT 已被用于洗钱。犯罪分子可能会以匿名或假名的方式创建 NFT 并在市场上注册，然后用非法资金购买 NFT 并与自己进行交易，以在区块链上创建销售记录。随后，将此 NFT 出售给一名不知情的用户，犯罪分子将从后者与犯罪无关的干净资金中获利[①]。根据 Chainalysis 分析数据，在 262 名疑似习惯性洗钱交易者中，有 110 位从洗钱交易中盈利且获得了近 890 万美元的利润。而这 890 万美元的盈利有很大可能性来自毫不知情的买家。

洗钱，尤其是来自受制裁的加密货币业务的转账，对 NFT 的信任建立造成了巨大威胁，市场、监管机构和执法部门应更密切地对其进行监控。

8.1.3 睡眠铸币

睡眠铸币（Sleep Minting）是指欺诈者直接将 NFT 铸造到著名创作者的钱包中，但保留从创作者钱包中收回或提取该 NFT 的权限。这样一来，似乎创作者创建了一个 NFT，然后将其传递给了欺诈者。欺诈者可以声称他们拥有由著名创作者铸造的 NFT，并以更高的价格出售。

睡眠铸币骗局的目标主要是在社交媒体上拥有大量追随者的知名创作者。这些创作者更有可能收到通过他们铸造 NFT 的申请。此外，这些创作者在接受 NFT 之前更有可能忽略检查其来源。这两方面使他们很容易成为睡眠铸币骗局的目标。图 8.1 展示了这个骗局是如何运作的。假设爱丽丝是一位著名的创作者，在社交媒体上拥有大量追随者。汤姆是一个欺诈者，他想利用爱丽丝的知名度，直接在她的钱包中铸造 NFT 并进行诈骗。为此，汤姆联系爱丽丝并询问她是否可以直接将 NFT 铸造到她的钱包中，在获得爱丽丝的许可后，汤姆开始铸造 NFT。现在假设爱丽

① JORDANOSKA A. The exciting world of NFTs: a consideration of regulatory and financial crime risks[J]. Butterworths Journal of International Banking and Financial Law, 2021, 10: 716.

丝将 NFT 赠送给她的一位粉丝大卫，然后大卫在在线市场上出售 NFT。然而，当爱丽丝去领取出售 NFT 的资金时，她发现汤姆已经撤回了资金。这是因为汤姆能够从爱丽丝的钱包中取回 NFT，实质上是从大卫那里窃取了资金。

图 8.1　睡眠铸币案例

这种骗局可能对整个 NFT 市场造成极大的破坏。它使用户之间产生了信任危机，如果人们不相信创作者合法铸造了 NFT，则他们投资 NFT 的意愿会大大降低。

8.1.4　内幕交易

内幕交易也是常见的非法获利的方式之一。交易者通过重要的非公开信息，预先购买或出售资产以从中谋取利益。在 NFT 发行或交易平台上，关于 NFT 预售分配或其他相关的信息需要确保不事先泄露，否则内幕交易将会影响 NFT 的价格和交易量。

目前，内幕交易是最大的 NFT 交易平台 OpenSea 的丑闻之一。OpenSea 的一名前雇员 Nathaniel Chastain 被指控涉嫌涉及数字资产的内幕交易计划。据悉，Chastain 负责哪些 NFT 将被推荐，即登上交易网站主页。因为他预先知晓哪些 NFT 会出现在网站主页上，所以他提前购买了其中一批 NFT，然后等到这些 NFT 登上 OpenSea 主页后，Chastain 将这些 NFT 以高于最初购买价格两到五倍的价格进行出售[①]。

此后，OpenSea 针对此类行为发布了两项员工政策，分别为禁止 OpenSea 员工在公司推广 NFT 期间或在创作者创作 NFT 期间进行买卖相关产品的行为，以及禁止 OpenSea 员工利用内幕消息买卖任何 NFT，无论该 NFT 是否在 OpenSea 平台上。

8.1.5 网络攻击与其他

NFT 市场的快速增长为网络犯罪分子和欺诈者提供了各种各样的机会。他们的目标群体是 NFT 的创作者和所有者、NFT 的消费者和购买者，以及 NFT 项目的投资人。一些犯罪分子通过使用黑客技术，企图非法访问受害者存储 NFT 和其他加密资产的数字钱包。而欺诈者则依靠新颖但简单的社会骗局来说服受害者投资涉及 NFT 的虚假计划，并诱骗他们泄露可用于入侵加密货币账户的敏感信息。

加密货币和 NFT 这类加密资产，在各个层面都容易受到网络攻击。首先，NFT 面临的风险与智能合约运行的平台有关。也就是说，NFT 背后的区块链本身可能会受到黑客攻击。例如，以太坊在 2016 年被黑客利用了 DAO 代码中的漏洞。其次，促进 NFT 交易的交易所也有自身的漏洞。最后，网络犯罪分子可以入侵用于存储 NFT 的钱包。

NFT 领域的网络攻击主要包括针对 NFT 交易所和钱包的行动。虽然 NFT 是基于区块链的，但交易所和市场平台，如 OpenSea 和 Rarible，是以中心化的方式运作的。这些交易所和市场平台不具有去中心化的优势，例如利用同行审查系统来识别和修复错误。因此，它们比较容易受到破坏和攻击。2021 年 9 月，OpenSea 交易所的一个漏洞导致了 42 个 NFT 的消失，这些 NFT 的总价值超过 10 万美元。

---

① KSHETRI N. Scams, Frauds, and Crimes in the Nonfungible Token Market [J]. Computer, 2022, 55(4): 60-64.

我们根据目前主流的一些网络攻击和其他恶意行为整理出 6 个案例。

（1）犯罪分子越来越多地将 NFT 所有者的数字钱包作为目标。2021 年 6 月，NFT 艺术家 FVCKRENDER 说，他被诱骗打开了一个包含病毒的文件，该病毒入侵了他的社交媒体账户，这使得犯罪分子能够访问他的数字钱包。他表示，黑客在几分钟内窃取了 40 000 个 *Axie Infinity* 代币，价值 400 万美元。在 2021 年 12 月的一起类似事件中，一位艺术策展人和 NFT 收藏者称，他的 16 个 NFT 代币在一次网络钓鱼攻击中被盗，价值约 220 万美元。

（2）NFT 交易平台面临黑客攻击等风险。以色列网络安全公司 Check Point 报告称，OpenSea 中存在安全漏洞。OpenSea 的安全漏洞使黑客有可能将受恶意软件感染的图像文件作为 NFT 提供。例如，用户可能会被一个免费的 NFT 所诱惑。当用户打开 NFT 文件时，一系列假装来自 OpenSea 的恶意弹出窗口将被部署，其中一个窗口将要求用户连接到自己的数字钱包。如果用户这样做，黑客就能窃取资金。OpenSea 注意到该漏洞并对其进行了修补。

（3）欺诈者通过提供免费的 NFT 来引诱受害者。欺诈者通过一个假账户向 Twitter 等社交媒体上的用户发送消息，告诉他们赢得了一个 NFT。用户会得到一个假网站的链接，该网站要求他们关联自己的数字钱包，并输入他们的密码。然后，犯罪分子会窃取钱包中的 NFT、数字货币和其他代币。

（4）欺诈者使用虚假的客户服务页面来诱骗 NFT 所有者泄露敏感信息。欺诈者伪装成 NFT 项目的客户服务人员，与用户建立联系，然后询问敏感的个人信息。2021 年 8 月，当创意制作人兼导演杰夫 · 尼古拉斯（Jeff Nicholas）试图就版税问题从 OpenSea 获得帮助时，一群伪装成公司员工的犯罪分子对他进行了诈骗。他们邀请 Nicholas 进入一个名为 OpenSea 支持服务器的互联网语音即时通信和数字分发平台。经过几小时的互动，他们说服他分享他的屏幕。在他分享屏幕的同时，欺诈者拍下了与他的私钥或种子短语同步的二维码照片，从而欺诈者能够完全访问他的加密资产。他们偷走了 150 ETH（价值约 48 万美元）。

（5）欺诈者盗用创作者或品牌身份推出假冒 NFT。欺诈者还会利用大众对于 NFT 的所有权与 NFT 所代表的物理或数字对象的所有权的明确规定的知识的缺乏来欺诈。塞尔维亚艺术家米洛什·拉伊科维奇（Milos Rajkovic）创造了视频循环，其中人脸和风景以奇怪的方式变换，但他没有参与 NFT。2021 年 7 月，他发现自己的 122 件作品在 OpenSea 上出售。当第一批假货被删除时，另一个账户发布了相同的作品。欺诈者利用 NFT 是因为许多艺术家和收藏者不了解加密技术。再举一个例子，一个欺诈者在 NFT 社交市场 Twinci 上列出了艺术家 Qing Han（被称为 Qinni）的最受欢迎的作品之一——《鸟笼》。该平台在收到 Qinni 的哥哥的欺诈举报时删除了 NFT 并禁止了该账户。在该网站上，还发现了另 5 件 Qinni 的艺术作品，标价高达 500 TWIN（Twinci 的加密货币）。Twinci 声称会调查此类案件，如果所有者无法提供他们创作艺术品的证据，则会删除他们的 NFT 并且该账户将被终身禁止进入市场。据报道，欺诈者还在元宇宙中创建和销售虚假的由奢侈品牌创建的 NFT。这涉及所有权和合法性的问题。如果品牌没有参与创造产品，销售品牌的数字产品是否合法，目前还没有明确的答案。在元宇宙和游戏平台 Roblox 中，Gucci、Stella McCartney 和 Nike 等品牌已经出售了数字产品。此外，用户可以购买看似与 Burberry、Chanel、Prada、Dior 和 Louis Vuitton 有关的 NFT，尽管这些品牌可能并没有参与其中，但欺诈者出售完这些假冒 NFT 就带着钱消失了。

（6）NFT 投资骗局也层出不穷。知名 NFT 项目进化猿（Evolved Apes）就是一个典型的投资骗局。它被描述为由 10 000 个独特 NFT 组成的集合，可以在 OpenSea 上购买。然后在进化猿上线一周后，该项目匿名开发者“恶猿”（Evil Ape）消失了，并在删除了官方 Twitter 账号和网站后，通过多次转账从项目资金中拿走了 798 ETH，价值约 270 万美元。这些资金来自最初公开销售的 NFT 和二级市场的佣金、预计将用于项目的开支。因此，创作图片的艺术家没有得到任何报酬，现

金赠品没有兑现，营销费用、开发游戏费用和稀有工具费用等都无法支付。

8.2 NFT 市场存在哪些问题

尽管 NFT 越来越受欢迎，但目前仍然没有特定的法律法规来监管 NFT 市场。NFT 的创作者和所有者需要了解到 NFT 市场存在的欺诈风险，以及进一步的法律问题。例如，围绕 NFT 所有权和许可权所产生的一系列问题，包括数据托管和存储、数据保护、版税、交易、税收等。虽然各国的 NFT 市场都在探索发展阶段，但打造良好的法律和商业基础环境对于 NFT 的发展是至关重要的。

8.2.1 NFT 所有权和许可权

拥有 NFT 意味着什么呢？ NFT 与数字或实体资产的法律所有权之间的关系并不明确，即 NFT 面临着所有权和许可权的问题。智能合约能够写入多种规则，写入所有权则意味着拥有者将拥有给予个人的非商业权利以及广泛的商业化权利。然而，NFT 不一定赋予与 NFT 相关的数字或实体项目的所有权或其他合法权利，除非在外部条款和条件或合同中另有明确规定[①]。一些外部协议授予个人非商业用途的许可，而其他协议可能授予商业用途的许可权。然而，一些 NFT 并未提供任何关于如何或是否可以使用基础数字或实体项目的信息。

一些 NFT 市场的广告或服务条款可能有误导性，使消费者相信他们购买的 NFT 拥有原数字或实体项目的“真正所有权”。然而这些广告声明并不意味着项目与 NFT 之间建立起了法律联系。例如，公共领域作品的

① BATCHU S, HENRY O S, PATEL K, et al. Blockchain and non-fungible tokens (NFTs) in surgery: Hype or hope?[J]. Surgery in Practice and Science, 2022, 9: 100065.

NFT 已被铸造，但它们并不代表所有权，因为专有知识产权不适用于公共领域。此外，如果平台拥有关闭用户账户或拒绝用户访问其 NFT 的权限，这也与用户认为自己拥有对 NFT 的所有权的想法冲突。

NFT 市场的扩张可能导致数字艺术和其他在线内容的版权侵权风险增加。在许多 NFT 市场中，欺诈者可以轻易地将并非由他们创作的艺术品“代币化”，因为铸造代币通常不需要提供相关艺术品的合法所有权证明。目前还没有关于可能违反著作权法的 NFT 数量或比例的全行业数据。然而，个别公司的数据可以作为这个问题潜在规模的参考。2022 年，OpenSea 在 Twitter 上表示，它发现了 80% 的 NFT 是剽窃的作品、假的收藏品等，但该公司后来否认了这一数据。DeviantArt 公司为艺术家提供服务，检查艺术家们的作品是否未经本人许可就以 NFT 的形式发布。2021 年，DeviantArt 发现了 25 000 个未经艺术家许可而售出的 NFT。

NFT 的许可条约应该准确描述 NFT 上承载的各种权利。例如，对购买 CryptoPunks 的买家而言，他们并没有得到该 NFT 的版权。他们可以向朋友展示该 NFT，但不能卖出印有该收藏品的衣服和杯子。而对于购买 Bored Ape（无聊猿）的买家，他们拥有相对更广泛的许可权。NFT 艺术品收藏家吉米 · 麦克内利斯（Jimmy McNelis）与环球音乐合作后选出 4 个无聊猿形象组成乐队 KINGSHIP。

因此，卖家应该准确告知买家出售的 NFT 被授予了何种权利，而买家也应该在知情的基础上对有效合同肯定、接受。卖家的恶意营销，以及买家对于条款的不清晰认知可能引发法律问题。事实上，作品的所有者是所有权持有者，除非该所有者将所有权授予他人，否则他人不得传播、更改、发布和展示作品。购买 NFT 的人将获得该 NFT 的所有权以及与该 NFT 相关的受法律保护的艺术品的使用权。

8.2.2　NFT 的数据托管和存储

NFT 和它所代表的数字资产通常是分开存储的。NFT 存储在区块链上，包含有关数字资产所在位置的信息。NFT 及其底层数字资产通常

是通过链接相互连接的。当 NFT 通过链接连接到数字资产时，数字资产可能会被删除，或者托管它的服务器可能会出现故障或被黑客入侵，从而破坏资产与其对应 NFT 之间的链接。这将导致 NFT 价值变得很小或一文不值。目前法律尚未明确 NFT 所有者在遇到这种情况后还拥有的权利。

8.2.3　NFT 数据保护

包含私有数据的 NFT 可能会违反某些数据保护原则或数据保护法。一些法律允许个人删除或修改他们的个人数据，然而 NFT 连接到区块链导致删除或修改这样的行为无法实现。截至目前，大众还未关注到与 NFT 相关的安全和数据共享问题。

欧盟《通用数据保护条例》声明，就每个私人信息而言，至少有一个法律个体，即数据主体可以对其行使权利（例如纠正或消除个人信息）。美国也有类似的数据保护法，例如《加利福尼亚州消费者隐私法案》，授予用户在一些情况下可以完全删除他们的私人信息的权利。然而，区块链技术使得更正和删除数据变得困难甚至不可能，因此包含个人信息的 NFT 是与数据保护法和个人权利相矛盾的存在。

8.2.4　NFT 版税

NFT 的特点之一是每次 NFT 易手时都可以向创作者支付版税。虽然为 NFT 编写的智能合约可以确保一件数字艺术品的创作者在每次出售时都能收到版税，但如果销售并非总是通过同一平台进行，则此类付款可能不会自动进行。换句话说，如果购买者在市场 A 上获得代币，将其转移到他们的数字钱包中，并决定在市场 B 上出售，其原始作者可能一无所获。目前，涉及智能合约的判例法或法规很少。许多国家不承认转售权，这意味着艺术创作者可能没有法律文书来索取版税。例如，美国法律不承认与创意作品相关的转售权，因此在美国，法律不对未支付的转售版税提供追索权，包括英国和欧盟在内的大约 70 个其他司法管辖区也是如此。

8.2.5 NFT 交易

尽管 NFT 市场最近才发展起来，并且与更传统的商品市场不同，但销售必然涉及符合相关消费者立法或销售点的消费者保护的合同。但是，考虑到此类交易的跨国性质，如果在 NFT 所有权的任何方面出现争议，即使是精心起草的销售合同也可能会出现问题。

与 NFT 有关的交易很少只由 NFT 的持有人和买方进行，通常是通过 NFT 市场进行的，该市场为 NFT 的发行和销售提供场所。在使用 NFT 等新技术的交易中，由于缺乏法律维护，各方权利的保护有可能不足。例如，由于 NFT 在线市场尚未满足验证 NFT 卖家身份或 NFT 真实性的法律要求，这可能带来一些消费者保护问题。对于 NFT 市场，通过制定条款或建议交易规范公平保护各方权利的规则至关重要，因为这些规则可以提高 NFT 在该市场上市和购买的积极性。

8.2.6 NFT 税收

税收是滞后于 NFT 发展的法律领域之一。美国国税局（Internal Revenue Service，IRS）关于加密货币、数字代币和其他与加密货币有关的数字资产的任何公告中都没有涉及 NFT 的税收问题。英国和其他国家在这方面几乎没有立法，也没有任何与 NFT 和税收相关的官方建议。英国税务海关总署（HM Revenue and Customs，HMRC）已发布与加密资产相关的指南，NFT 被归类为一个单独的实体。

虽然可以预计，与 NFT 相关的利润和损失将被征收资本利得税，并且 NFT 本身将被视为其他税收（包括遗产税）的资产[①]，但官方立场尚未得到确认。数字资产所在的司法管辖区也将对买卖该资产时的相关适用税收产生影响。HMRC 已经澄清，就税收而言，加密货币是根据受益人所在的司法管辖区考虑的，但它尚未对 NFT 作出任何说明。以美国为例，各交易市场需在其司法管辖区的基础上分析现有规定应如何适用于该地区

① ALI O, MOMIN M, SHRESTHA A, et al. A review of the key challenges of non-fungible tokens[J]. Technological Forecasting and Social Change, 2023, 187: 122248.

的 NFT 市场。

8.3 NFT 金融监管

NFT 的确切地位尚未正式确定，在不同的定性下面临着不同的监管要求。然而，随着 NFT 市场出现的各种各样的非法行为和欺诈问题愈演愈烈，相应的监管迫在眉睫。尽管 NFT 玩法众多，但自始至终都无法与金融撇清关系。本节将主要介绍 NFT 领域的金融监管现状以及关系。

8.3.1 NFT 是否在监管范围内

由于 NFT 可应用于多种目的，各个国家政府可能需要考虑是将 NFT 视为一个广泛的技术类别，还是针对特定领域（如金融）中的特定 NFT 应用进行一定监管。根据 NFT 在特定行业中的使用方式，一些现有的监管制度可能适用，而另一些则可能不适用[①]。

数字资产（如加密货币）的现有制度因多种因素而异。截至 2022 年 6 月，没有任何机构对数字资产拥有最高权。各种金融监管机构应用现有权利的根据是该资产的行为是否像银行、交易媒介或商品一样。此外，NFT 生态系统中的市场参与者可能会根据他们所扮演的角色在金融法规下受到不同的对待[②]。

政府可能会考虑是否将某些 NFT 视为类似于加密货币和稳定币的数字资产，同时权衡对其他 NFT 应用的可能影响。如果 NFT 被视为证券，那么该分类可能会影响 NFT 在元宇宙或 Web 3.0 等领域的应用。如果 NFT 被定性为证券，则会面临金融业的合规监管。然而，截至目

① LI S, CHEN Y. How non-fungible tokens empower business model innovation[J]. Business Horizons, 2022.
② SERVICE C R. Non-Fungible Tokens (NFTs)[R]. [S.l. : s.n.], 2022.

前，NFT 是否可以被描述为一种证券，仍然缺乏明确性。一般来说，除非 NFT 在赋予额外权利方面表现出数字货币或证券代币的特征，否则大多数 NFT 将属于不受监管的代币类别，因此不在监管范围之内。

美国反洗钱金融行动特别工作组（Financial Action Task Force，FATF）指南阐明，基于 NFT 的一般用途，NFT 不被视为虚拟资产，应根据具体情况对其进行评估。FATF 表示，当它们的使用符合虚拟资产的定义时，它们应该作为虚拟资产受到监管。近期 PleasrDAO 将“Doge”备忘录的 NFT“分割”为数十亿个代币，称为 DOG。

投资者购买多少代币将决定他们在“Doge”备忘录 NFT 中的所有权，尽管 PleasrDAO 将保留多数所有权。DOG 持有人也将能够参与未来围绕 NFT 的决策[①]。例如，DOG 持有者将在未来出售 NFT 之前进行投票。此类代币可能在监管范围内，因为它们提供了证券类型的权利，但这需要根据每个 NFT 的结构和性质来确定。

8.3.2 金融监管和 NFT

NFT 的金融化带来了金融监管问题。在美国，对 NFT 的金融监管，主要分属美国证券交易委员会、美国反洗钱金融行动特别工作组和美国财政部金融犯罪执法网络（Financial Crimes Enforcement Network，FinCEN）3 个部门。

一般情况下，若 NFT 仅代表单一独特资产且拥有单一所有权则不是证券。而若 NFT 表现出较强流动性或涉及资金融通则可能被定性为证券，即将受到证券法的监管。美国证券交易委员会已经开始关注 NFT 是否可以作为证券进行分类和监督，以便更好地规范 NFT 市场。因此，美国证券交易委员会已经开始要求 NFT 创建者、加密公司和 NFT 交易所提供特定 NFT 和其他一些代币产品的更加详细的信息。例如，2022 年 10 月美国证券交易委员会开始调查 Yuga Labs，主要关注其旗下部分 NFT 系列是否与股票类似、是否需要遵循相同的披露规

---

① HERIAN R, DI BERNARDINO C, CHOMCZYK PENEDO A, et al. NFT - Legal Token Classification[J]. 2021.

则，以及 ApeCoin（APE）是否属于证券、其分配是否违反联邦法律等问题。

在美国证券交易委员会的管辖范围内，NFT 在某些情况下可能被视为证券。可能影响 NFT 证券属性的一个因素是它们可以被分割，即投资者可以购买 NFT 的细分部分或大量 NFT 的一小部分。这些碎片化的 NFT 通常是可替代代币，代表了更大的不可替代代币的部分所有权，并且可以在二级市场上进行交易。此外，如果 NFT 产生收入流，例如特许权使用费或股息，它有可能被视为证券。美国证券交易委员会指出，目前有些 NFT 只是披上了一层虚拟属性的外衣，实则他们在发行时向公众承诺了流动性、额外服务以使 NFT 增值。这本质上就是投资行为，因此此类 NFT 可以进一步被认定为证券。

如果 NFT 是证券，美国证券交易委员会可能对 NFT 市场和平台有监管和执法权。美国证券交易委员会执行证券披露要求，并且针对之前名人未能披露他们因推广 ICO 而收到的款项情况收取费用。如果 NFT 被视为证券，证券交易委员会也可能对未披露的非金融工具促销活动的付款有执法权，以及帮助投资者评估证券发行风险的披露要求，在一定程度上可以降低欺诈风险。

另外，在 NFT 越来越受欢迎的同时出现了越来越多的非法交易行为，其中洗钱和洗盘交易的问题尤为突出，需要加强对此的监管。2021 年 10 月，美国反洗钱金融行动特别工作组发布了最新的处理虚拟资产和虚拟资产服务提供商的风险指南。如果遵循美国反洗钱金融行动特别工作组标准的国家或地区采用该新指南，那这些国家或地区对虚拟资产和虚拟资产服务提供商的监管范围和内容将会有变动。

在某些情况下，监管范围可能包括 NFT、稳定币提供商和受反洗钱义务约束的去中心化平台。在新指南中，美国反洗钱金融行动特别工作组提供了 NFT 的定义，并描述了它们何时应被视为虚拟资产，在通常情况下，NFT 不被视为虚拟资产。根据指南的定义，NFT 是独一无二、不可互换的数字资产，且实际上是作为收藏品而不是作为支付或投资工具。

然而，如果它们被用于支付或投资目的，NFT 则可能属于该指南的监管对象。

为了打击金融系统内的非法行为和金融犯罪，FinCEN 也开始将目光放到了 NFT 领域。FinCEN 的执法依据主要来自 *Bank Secrecy Act*（银行保密法，以下简称“BSA”），其旨在帮助执法部门和美国政府识别和阻止金融犯罪。FinCEN 将虚拟货币视为货币，从而所有从事虚拟货币交易业务的主体都需要遵守 BSA 条款以及相关金融监管的规定并履行合规义务。在一些情况下，NFT 可能符合 FinCEN 发布的有关货币传输服务的定义，从而需要受到 BSA 条款的监管。此外，NFT 具有可兑换虚拟货币和某些高价值资产（如艺术品和宝石）的特征，这些特征已经引起了监管机构对反洗钱的关注。因此，虽然 BSA 条款没有明确涉及 NFT，但在某些情况下，可以根据现有的指导原则使用这些条款。从实际的角度来看，BSA 条款对 NFT 市场的适用性可能要根据个案和具体事实来决定。

8.3.3 反洗钱制度中的 NFT

NFT 可能特别容易受到洗钱的影响，因为它们很容易跨越地理边界发送，并不会产生实体运输的财务或监管成本。此外，数字艺术品的价格变化很大，这使得洗钱者能够在几乎没有历史背景的情况下设定所需的价值。

目前，全球对艺术品、数字资产和古董的监管，特别是关于反洗钱的监管已经扩大。美国反洗钱立法已扩大到在某些情况下适用于古董和艺术品经销商。目前的一个主要问题是这些法规是否会扩展到反映这些特定权利的 NFT。

国际组织也认识到 NFT 可能带来的洗钱风险和威胁。2022 年，全球税收执法联席会议[①]发布了一份关于 NFT 和 NFT 市场相关风险的情报

① 全球税收执法联席会议成立于 2018 年，旨在打击跨国税务犯罪，其成员代表包含美国、加拿大、澳大利亚、英国和荷兰。

公告。反洗钱要求可能会通过加密资产制度或艺术品市场参与者制度来捕获不同的 NFT 交易及其市场。虽然 NFT 不在英国一般许可制度的监管范围内，但它们在英国反洗钱条例的监管范围内。根据反洗钱条例，受监管和不受监管的代币都可能受到反洗钱条例的监管，关键重点在于加密资产活动的性质。反洗钱条例将加密资产交易所和托管钱包提供商列为相关人员，他们必须向英国金融行为监管局（Financial Conduct Authority，FCA）注册，以便能够开展加密货币业务，并实施一系列的尽职调查[①]。

在目前的反洗钱加密资产指导意见中，没有具体涉及 NFT。由于 NFT 可以代表不同类型的数字资产，也可以以各种方式创建和交易，特定的 NFT 活动或商业模式是否适用反洗钱制度可能需要具体案例具体分析。例如，授权买卖双方用 NFT 换取加密货币的交易市场可能被视为加密资产交易所。监管范围的建立将取决于加密资产的定义，尤其需要考虑 NFT 是否相当于“价值或合同权利的数字代表”（反洗钱条例 14A(3)(a)）和加密资产活动的定义，以及 NFT 发行者或市场是否相当于交易所或托管人。

联合反洗钱指导小组（Joint Money Laundering Steering Group，JMLSG）在其相关文件中提供了一些可能与 NFT 有关的更广泛的反洗钱加密资产领域的指导。加密资产的定义非常广泛，足以包括游戏中的货币。游戏领域的公司应考虑加密资产是否只能在特定的游戏环境中使用，或者是否也可以交换价值，然后在该环境之外使用（交换可能发生在游戏内或游戏外的论坛上）。某些游戏生态系统利用跨平台的 NFT，这意味着游戏内的购买不仅可以在相互关联的游戏中赋予利益，还可以用来换取金钱或其他数字资产。这可能表明，此类中介机构可能需要注册为加密资产交易所。此外，反洗钱条例不包含通过非托管钱包进行的直接 P2P

---

① JORDANOSKA A. The exciting world of NFTs: a consideration of regulatory and financial crime risks[J]. Butterworths Journal of International Banking and Financial Law, 2021, 10: 716.

交易。

非托管钱包允许在没有中介的情况下完成 P2P 交易，使其用户能够保持对其私钥和资金的完全控制。随之而来的问题是如何评估在去中心化基础上运作的 NFT 市场。例如，Featured by Binance 是一个展示 NFT 的去中心化平台，但它不需要设立账户。交易也发生在非托管的钱包之间。根据 JMLSG 的指南，反洗钱条例并不是为了捕捉一个只提供买卖双方发布他们的出价和报价的公告板的公司，而是规范各方通过个人钱包或不由论坛或关联公司托管的其他钱包在外部场所进行的交易。这就提出了一个问题，即这些完成、匹配或授权两个人之间的交易的供应商是否构成一个应该纳入反洗钱范围的集中实体。这种商业模式需要逐案考虑，强调 NFT 创新者与监管机构之间持续指导和对话的重要性。

在反洗钱制度下捕获数字艺术品 NFT 及其市场的另一种途径是通过反洗钱对艺术市场参与者的规定。英国和欧盟的反洗钱规则也扩展到“艺术市场参与者”，包括在超过特定价值门槛的艺术品中进行交易或中间交易的公司。艺术市场参与者是从事艺术品交易或担任艺术品交易中介的公司或个体从业者，条件是交易金额达到或超过 10 000 欧元（反洗钱条例 14(1)(d)）。这些参与者包括经销商、拍卖行和自由港，但不包括出售自己作品的艺术家。艺术市场参与者必须在 HMRC 注册，并且必须进行严格的尽职调查。HMRC 负责监督艺术市场参与者的反洗钱合规性。

虽然 NFT 通常被称为销售数字艺术的一种方式，但英国对艺术品的相关法律定义来自税法，目前数字艺术品并不在艺术品的定义之内。1994 年《增值税法》第 21 条规定的定义只列出了实体艺术品，而对数字艺术品没有提及。之后对该领域的进一步监管干预可能会特别将 NFT 艺术品中介机构纳入反洗钱制度监管范围之下。此外，英国财政部于 2021 年 10 月进行了一次磋商，该磋商提议将数字艺术品纳入艺术品定义的范围，从而纳入反洗钱条例。然而，目前数字艺术品似乎不包含在反洗钱条例监管范围内，尽管英国财政部在他们的咨询回复中指出，他们可

能会在未来对相关定义进行修改时考虑这一点。

欧盟的立场与英国反洗钱条例对加密资产的指导类似。虽然不同成员国的应用可能会有所不同，规则将受到未来发展的影响，但欧盟正在积极考虑扩大其反洗钱立法的范围以将 NFT 纳入监管。总而言之，面对 NFT 市场的日益增长，监管机构需要对 NFT 是否以及如何属于监管框架的范围进行更清晰的说明和指导。

8.4 全球对 NFT 的监管态度

对于 NFT 市场的监管，全球各国都在探索中，并已经开始引起重视。其中，由于 NFT 在去中心化等方面与加密货币拥有共同点，各个国家加强了对 NFT 领域的金融方面的监管。目前，各国的监管政策主要侧重于 NFT 市场的合规合法，致力于构建更加有序的市场。此外，各国也开始将 NFT 的知识产权保护、税收等方面纳入政策制定的考量中。本节将对主要国家和组织对 NFT 的监管态度展开介绍，以及阐述完善 NFT 合规的重要性。

8.4.1　主要国家和组织对 NFT 的监管态度

不同于加密货币，NFT 还是一个新兴领域。虽然目前各国对于 NFT 的监管态度还不明朗，但随着元宇宙、Web 3.0 与 NFT 的合作热度持续上升，各国已经开始积极研究如何监管 NFT，不再放任该市场的“野蛮生长”。从整体上看，欧美地区作为 NFT 产业最活跃的地区，在 NFT 定性和合规方面的政策探索相对其他国家和地区而言走在了前面。此外，有一些国家和地区表现出了鼓励创新和保护 NFT 的监管态度，如韩国和日本。主要国家和组织对 NFT 的监管态度如图 8.2 所示。

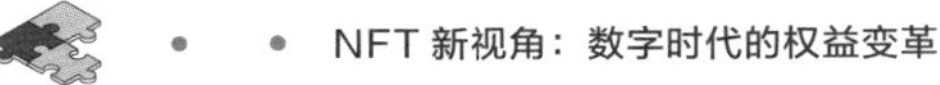

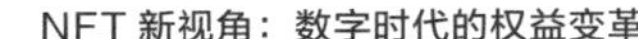

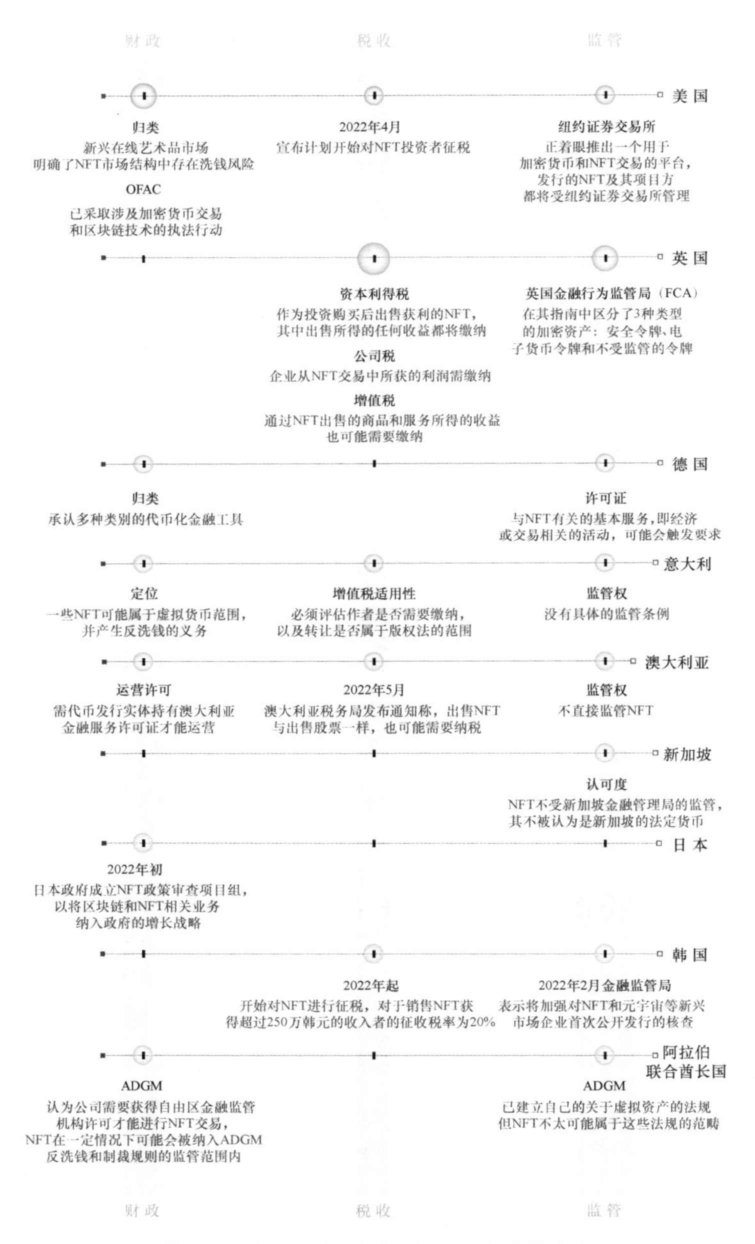

图 8.2　主要国家和组织对 NFT 的监管态度

1. 美国

当前，全球近 41% 的 NFT 公司总部都聚集在美国。在 2022 年初，美国财政部发布了报告 *Treasury Releases Study on Illicit Finance in the High-Value Art Market*，其中将 NFT 归类于新兴在线艺术品市场，并明确了 NFT 市场结构中存在洗钱风险。该报告指出，交易的动机有可能高于核实买家身份的动机，这可能造成一种情况，即如果交易快速连续进行则无法进行尽职调查。例如，OpenSea 从其市场上的每笔交易中赚取 2.5% 的佣金，这可能会激励该公司优先考虑交易量，而不是洗钱和非法活动问题[①]。虽然NFT技术为全球艺术品市场带来了新的机遇，仍需要注意洗钱风险，以及防止不法分子利用非法资金进行交易，同时还要小心交易 NFT 时会遇到的欺诈行为。美国国税局于 2022 年 4 月宣布计划开始对 NFT 投资者征税。

Chainalysis 的数据说明了 NFT 投资者和创作者已使该市场膨胀至 440 亿美元。美国国税局官员表示，NFT 投资者欠美国数十亿美元的税款，他们正准备对此行为进行打击。尽管对 NFT 交易征税损害了许多 NFT 投资者的利益，但这种行为意味着 NFT 正在走向合规。

美国财政部海外资产控制办公室（Office of Foreign Assets Control，OFAC）负责管理大多数美国的制裁计划。虽然 OFAC 没有提供专门针对 NFT 的指导意见，但它解释说，美国制裁适用于类似传统金融活动的数字交易和货币形式。此外，OFAC 已经采取了涉及加密货币交易和区块链技术的执法行动。2021 年 11 月，OFAC 制裁了交易所 ChatEx、其相关的支持网络以及两名勒索软件运营商，因为他们为勒索软件行为者提供了金融交易的便利。在 OFAC 列出的 30 个 ChatEx 地址所持有的 3.243 亿美元的加密资产中有 42 个 NFT，总价值约为 53.16 万美元。OFAC 是根据 2015 年发布的 13694 号行政命令采取这一行动的，该命令提供了广泛的制裁权力，以应对美国境外恶意网络行为者造成的国家安全威胁。

---

① SERVICE C R. Non-Fungible Tokens (NFTs)[R]. [S.l. : s.n.], 2022.

在致力于 NFT 市场的合规性的同时，NFT 市场也在主流采用和认可方面前进了一大步。纽约证券交易所（The New York Stock Exchange，NYSE）于 2022 年 2 月向美国专利和商标局提交了申请文件，此举意味着该交易所正着眼推出一个用于加密货币和 NFT 交易的平台。如果纽约证券交易所这样的组织参与到 NFT 行业中，发行的 NFT 及其项目方都将受到纽约证券交易所的管理。适当的监管可以提升投资者的信心，为提升机构参与度铺平道路。同时，美国田纳西州众议院收到了一项法案，其提议允许该地区的政府机构投资加密货币和 NFT。据悉，田纳西州众议院议员还建议成立一个关于加密货币和区块链的研究委员会，为其营造一个积极的行业环境。

2. 英国

在英国，当前没有针对 NFT 的具体规定。然而，NFT 被视为一种加密资产。FCA 在其指南中区分了 3 种类型的加密资产：安全令牌、电子货币令牌和不受监管的令牌。安全令牌指的是提供权利和义务的指定投资，包括股票、存款、保险。电子货币令牌的特征是拥有电子存储的货币价值。若 NFT 具有使其符合安全令牌标准的特征，则根据 *The Financial Services and Markets Act 2000*，该 NFT 将被视为特定投资。如果 NFT 是电子货币令牌，它将受 *The Electronic Money Regulations 2011* 的监管。

只要 NFT 属于安全令牌或电子货币令牌类别，则 NFT 需要获得 FCA 的授权和接受其监管。这也意味着 NFT 将受反洗钱条例的约束，并且需要对 NFT 的购买者进行实名认证技术检查和监控。然而，大多数 NFT 并不符合上述标准，因此不受监管。

在税收方面，作为投资购买然后出售获利的 NFT，其中出售所得的任何收益都将缴纳资本利得税。企业从 NFT 交易中所获的利润需缴纳公司税。通过 NFT 出售的商品和服务所得的收益也可能需要缴纳增值税。

在销售广告方面，广告标准局（Advertising Standards Authority，

ASA）发布了 NFT 广告指南。为 NFT 做广告的企业应确保他们向消费者明确表示他们购买的是 NFT，并充分告知消费者购买 NFT 的风险，包括其价值可能下跌或上涨，以及目前 NFT 不受监管等信息。

3. 德国

欧盟没有针对 NFT 的具体法规或法律定义，成员国之间也没有统一的监管制度。2022 年 10 月 5 日，欧洲理事会批准了 *Markets in Crypto Assets*（MiCA），该提案由欧盟委员会在 2020 年 9 月首次提出，用以保障欧盟消费者免受与投资加密资产有关的风险。

根据 MiCA 第 3 条规定，加密资产被定义为利用分布式账本技术或类似技术，以电子方式转让和存储的价值或权利的数字代表。根据这一定义，NFT 也应该包括在内。然而，MiCA 明确指出“本条例不适用于独特且不可与其他加密资产互换的加密资产”，即将 NFT 排除在监管范围外[①]。因此，NFT 是否受 MiCA 的监管取决于 NFT 是否可能为已经提议的加密资产类别之一。按照目前的 MiCA，碎片化的 NFT 将被视为可替代的，因此将受到 MiCA 的监管。对于引用非独特或可替代物品的 NFT 也是如此，这可能会导致某些 NFT 受到监管。

5th EU Anti-Money Laundering Directive（AMLD5）定义了加密资产属于 *Kreditwesengesetz*（KWG）定义的金融工具。德国承认多种类别的代币化金融工具。德国实施的根据 KWG 的法律定义，加密资产是一种价值的数字表示，尚未由任何中央银行或公共机构发行或担保，不具有法定货币的法律地位，但被自然人或法人根据协议或实际惯例接受作为交换或支付手段，可用于投资目的，并可通过电子方式传输、存储和交易。由于 NFT 原则上可用于投资目的，鉴于其独特的创造价值的特性，有充分的理由认为 NFT 可能符合加密资产的条件，因此符合 KWG 中金融工具的定义。在这方面，与 NFT 有关的基本服务，即经济或交易相关的活动，可能会触发许可证要求。

---

① HERIAN R, DI BERNARDINO C, CHOMCZYK PENEDO A, et al. NFT - Legal Token Classification[J]. 2021.

一些非金融工具可能符合德国法律规定的“投资产品”的资格，即承诺支付利息、偿还投资资本或现金结算以换取资本投资的投资产品。NFT 是否属于这一定义，取决于特定代币的特点。

在大多数情况下，NFT 可能被归类为德国加密资产，不太可能被归类为记账单位，在某些相当具体的情况下可能被归类为电子证券或投资资产。所有这些在德国都被视为金融工具。因此，为此类工具提供的任何服务，例如投资建议、交易服务、钱包托管服务、做市等，都可能需要遵守德国的许可要求。

4. 意大利

NFT 目前在意大利没有具体的监管条例，但根据 NFT 的特点和目的，它们可以属于现有的监管框架。意大利认为虚拟货币和所有与使用虚拟货币和虚拟钱包有关的服务提供商都属于反洗钱和反恐怖主义融资立法的范围，因此完全受其义务和相关制裁的约束。根据意大利实施的反洗钱法令，一些 NFT 可能属于虚拟货币的范围，并产生反洗钱的义务。根据 *Testo Unico della Finanza*，NFT 可能有资格作为投资产品，这意味着对 NFT 卖方有了额外要求，例如获得许可。事实上，投资产品是一个广泛的工具类别。如果 NFT 包含 3 种要素，即资本支付、对财务收益的期望以及承担与资本支付直接相关的风险，则可被视为投资产品。

从财政角度来看，就所得税而言，如果 NFT 属于知识产权转让的范围，就必须考虑转让者是否以作者的专业身份行事，或者考虑活动是否偶然发生。至于增值税的适用性，必须评估作者是否需要缴纳增值税，以及转让是否属于版权法的范围。

5. 澳大利亚

与英国相似，澳大利亚不直接监管 NFT。尽管澳大利亚政府最近宣布了将加密货币纳入监管范围的计划，但 NFT 或数字资产在澳大利亚一般不受规范性的监管。澳大利亚的做法是根据 NFT 是否代表或证明数字资产，或导致利益相关者将 NFT 视为受监管的金融服务、产品或资产（如证券）来考虑监管或潜在的监管可能性。澳大利亚的金融监管框架

由 3 个机构组成，每个机构都有具体的职能职责：澳大利亚审慎监管局（Australian Prudential Regulation Authority，APRA）负责审慎监管；澳大利亚证券和投资委员会（Australian Securities and Investments Commission，ASIC）负责整个金融系统的市场诚信和消费者保护；澳大利亚储备银行（Reserve Bank of Australia，RBA）负责货币政策、整体金融系统稳定和支付系统监管。ASIC 对数字货币的立场并不明确，ASIC 和联邦政府尚未对澳大利亚的数字资产框架进行审查。与英国一样，ASIC 强调，区块链和加密资产可能作为金融产品，需要代币发行实体持有澳大利亚金融服务许可证（Australian Financial Services Licence，AFSL）才能运营。在税收方面，2022 年 5 月，澳大利亚税务局（Australian Taxation Office，ATO）发布通知称，出售 NFT 与出售股票一样，也可能需要纳税。

6. 新加坡

新加坡也没有明确的法律指引规定 NFT。NFT 不受新加坡金融管理局（Monetary Authority of Singapore，MAS）的监管，因为它们不被认为是新加坡的法定货币，与 MAS 发行的纸币和硬币不同。然而，根据新加坡法律，如果一个非传统金融工具具有 *Securities and Futures Act*（SFA）规定的资本市场产品的特征，它将受到 MAS 的监管。如果一个 NFT 在结构上代表了上市股票组合的权利，那么它将像其他集体投资计划一样，受到招股说明书要求、许可和商业行为要求的约束。

2020 年 1 月，*Payment Services Act*（PSA）颁布，以监管加密货币服务提供商和数字支付代币。然而，NFT 可能属于有限用途的数字支付代币的范围。根据 PSA，NFT 将被豁免于监管，因为它们是不可伪造的，只能兑换特定商品。除非一个 NFT 具备了 PSA 规定的数字支付代币的特征，这可能会对该 NFT 的卖方施加具体的限制和义务。即使 NFT 可以受到 PSA 的监管，监管的形式可能主要是检测洗钱和恐怖主义融资风险。这是由于加密货币交易是跨境、快速和匿名的。因此，目前仍不清楚新加坡对 NFT 及其新生市场的监管程度。

7. 日本

日本对 NFT 的监管态度是鼓励创新和保护 NFT。2022 年初，日本政府成立 NFT 政策审查项目组，以将区块链和 NFT 相关业务纳入政府的增长战略。同年 4 月，NFT 政策审查项目组发布了《NFT 白皮书——日本在 Web 3.0 时代的 NFT 战略》，其中指出日本需要设立一名 Web 3.0 大臣和一个一站式的咨询平台，这样企业就不再需要联系多个部委。该白皮书是日本政府对于促进 NFT 业务的问题和建议的提案，将 NFT 列入金融科技方面的推动重点。同年 10 月，日本宣布将扩大 NFT 和元宇宙等 Web 3.0 服务的使用，还将进一步扩大对这些项目的投资计划以推动数字化转型。

在日本，目前还没有专门监管 NFT 的法律。如果 NFT 持有者获得构成利润分享的金钱或其他资产，那么 NFT 可能属于 *Financial Instruments and Exchange Act*（金融工具和交易法，简称 FIEA）下证券的定义。如果 NFT 具有经济功能但并不归属于证券范围，例如成为一种支付方式，那么可能被归类为 PSA 定义的加密资产或预付费支付工具。此外，如果 NFT 既不是证券也并不具备经济功能，则说明 NFT 不作为一种金融工具，也就不受 FIEA 和 PSA 或其他日本法律的监管。另外，赌博在日本是非法活动，因此应特别考虑 NFT 是否违反任何赌博相关法律，这与游戏中使用的 NFT 尤其相关。

8. 韩国

NFT 正在韩国流行。该国的高科技产业，加上其在流行文化产品方面的优势，使其成为 NFT 项目的肥沃土壤。活跃的 NFT 市场也带来了多种风险，引起了韩国政府的注意。韩国金融监管局作为致力于规范数字资产制度化的政府机构之一，将开始针对快速增长的数字资产市场中对消费者造成损害的因素制定对策。2022 年 2 月，韩国金融监管局表示将加强对 NFT 和元宇宙等新兴市场企业首次公开发行（Initial Public Offering，IPO）的核查。

尽管 NFT 很受欢迎，但根据韩国法律，NFT 的法律地位仍然不确定。韩国金融服务委员会（Financial Services Commission，FSC）根据 FATF 设定的虚拟资产定义，即 NFT 通常不属于虚拟资产的定义范围，不打算监管 NFT。虽然 2021 年通过的 *Act on Reporting and Using Specified Financial Transaction Information*（特定金融信息报告和使用法）对加密货币的监管提供了更加明确的说明，但法律对 NFT 的适用性还不清楚，主要是 NFT 是否会被视为该法定义的虚拟资产还不明确。如果一些特定 NFT 属于虚拟资产的范围，它们将被监管并要求遵守反洗钱义务。此外，在税收方面，韩国国家税务局将从 2022 年开始对 NFT 进行征税，对于销售 NFT 获得超过 250 万韩元的收入者的征收税率为 20%。

9. 阿拉伯联合酋长国

阿布扎比全球市场（Abu Dhabi Global Market，ADGM）最近发布了一份题为"Proposals for Enhancements to Capital Markets and Virtual Assets in ADGM"（关于加强 ADGM 资本市场和虚拟资产的建议）的咨询文件。在其提案中，ADGM 认为公司需要获得自由区金融监管机构的许可才能进行 NFT 交易。它还认为 NFT 一定情况下可能会被纳入 ADGM 反洗钱和制裁规则的监管范围内。

在特定的条件下，NFT 可能会受到加密货币资产条例的约束。这些规则适用于在交易所交易或被归类为证券的加密货币资产。根据相关资产的特点，NFT 可能需要遵守反洗钱规则。

ADGM 是阿拉伯联合酋长国（简称阿联酋）的一个发展中的金融自由区，已经成为虚拟资产交易的关键区域中心。与阿联酋的其他地区相比，ADGM 已建立起自己的关于虚拟资产的法规，并向企业发放许可证，以开展这方面的授权业务。不过，NFT 也不太可能属于这些法规的范畴。虚拟资产被定义为可以进行数字交易的价值的数字表示，并作为交换媒介、账户单位、价值存储，或这三者的任何组合。虚拟资产不具体包含所有权的表示，因此 NFT 没有被收集在其中。然而，ADGM 的金融服务监管局只允许企业开展与被接受的虚拟资产有关的业务，特定的 NFT 在被确定为虚拟资产的情况下，需要满足一些要求，例如包括到期日和市值，而 NFT 不可能满足这些要求。

8.4.2 中国对 NFT 的监管态度

加密货币在国内是被禁止的，并且在国外以虚拟货币进行交易的 NFT 在国内也受到严格监管。目前没有具体的法律或法规来监管 NFT，但在 2022 年 4 月 13 日，中国互联网金融协会、中国证券业协会和中国银行业协会联合发布了《关于防范与 NFT 相关的金融风险的倡议》。该倡议虽然不是法规，但反映了国内监管机构的态度和政策导向。

在倡议中，NFT 不被视为加密货币或虚拟货币。然而，根据该倡议，NFT 交易应遵循以下行为准则。

（1）不在 NFT 底层商品中包含证券、保险、信贷、贵金属等金融资产，变相发行交易金融产品。

（2）不通过分割所有权或批量创设等方式削弱 NFT 非同质化特征，变相开展代币发行（ICO）融资。

（3）不为 NFT 交易提供集中交易（集中竞价、电子撮合、匿名交易、做市商等）、持续挂牌交易、标准化合约交易等服务，变相违规设立交易场所。

（4）不以比特币、以太币、泰达币等虚拟货币作为 NFT 发行交易的计价和结算工具。

（5）对发行、售卖、购买主体进行实名认证，妥善保存客户身份资料和发行交易记录，积极配合反洗钱工作。

（6）不直接或间接投资于 NFT，不为投资 NFT 提供融资支持。

由于加密货币和资产越来越受欢迎，因此存在监管的空间，投资者和卖家都应该警惕，监管可能很快就会到来。虽然截至本书定稿，中国并未针对 NFT 行业提供政策指导，但随着 NFT 的爆炸式增长，NFT 市场的监管和合规不可避免。2021 年 9 月 15 日，中国人民银行等发布《关

于进一步防范和处置虚拟货币交易炒作风险的通知》，强调了虚拟货币的性质和交易的非法性。为此，国内主流 NFT 交易平台需要进行调整。例如，腾讯幻核和阿里拍卖在 2021 年 10 月将 NFT 改为“数字藏品”，从根本上规避了虚拟货币与 NFT 的直接转换风险[①]。

同时国内还重视对于数字艺术市场的版权保护。2022 年 4 月 20 日，杭州互联网法院依法公开开庭审理一起发生在 NFT 领域的侵害作品信息网络传播权纠纷案。法院认为，尽管数字藏品是平台用户上传的，但 NFT 交易平台需要注意用户上传的数字藏品是否为原创的，所以 NFT 交易平台应对在其平台上销售的侵权 NFT 承担版权侵权责任。最终法院判决，NFT 交易平台需赔偿损失并将 NFT 交付到无法访问的地址以便将其销毁（不可能永久删除 NFT）。在首例 NFT 侵权案件中，法院认定著作权人有权买卖 NFT 数字作品，这个案件意义重大。

还有一个 NFT 监管重点方向在二级市场。根据我国现有相关文件，如果平台开始从事 NFT 二级交易活动，可能被认为从事交易所业务，随即会被要求停止营业并承担相应违法后果。2022 年 3 月以来，腾讯关闭了多个支持数字藏品二级交易的公众号和小程序。目前，我国头部互联网公司相关的平台均不支持 NFT 转售，保守对待 NFT 交易。

8.4.3　NFT 合规的重要性

NFT 不同于加密货币，各国对于同样基于区块链发展起来的 NFT 的监管政策相对滞后。如前文所述，NFT 市场的快速发展带来了炒作现象严重、市场波动大、欺诈问题和网络犯罪增长等问题，对于 NFT 合规性和正向引导需要大力重视和支持。

目前，NFT 生态系统中的消费者存在诸多风险，一些 NFT 市场和数字钱包缺乏基本的安全功能来保护消费者[②]。例如，欺诈者冒充著名艺

① TONG A. Non-fungible Token, market development, trading models, and impact in China[J]. Asian Business Review, 2022, 12(1): 7-16.
② KARIM S, LUCEY B M, NAEEM M A, et al. Examining the interrelatedness of NFTs, DeFi tokens and cryptocurrencies[J]. Finance Research Letters, 2022, 47: 102696.

术家出售 NFT，创建虚假市场平台以收集信用卡和其他财务信息，并参与网络钓鱼计划和勒索软件攻击。黑客利用 NFT 智能合约底层代码中的漏洞来窃取 NFT。由于个人可以将 NFT 转移到任何数字钱包地址，消费者可能会收到未经请求的垃圾邮件、色情内容或 NFT 形式的辱骂性材料。要从他们的钱包中移除不需要的 NFT，用户必须支付交易费用，这可能使许多用户望而却步。

有一种大规模的 NFT 骗局变得相当普遍，以至于它赢得了自己的名字：卷地毯。在卷地毯骗局中，欺诈者可能会创建一个 NFT 项目，招揽和吸引其他投资者，通过宣布虚假的项目开发来刺激社区，人为地抬高 NFT 的价值，然后突然放弃该项目并卷走投资者钱款，导致 NFT 价格大幅下跌。投资者可能会损失大量资金，并在价格下跌后留下毫无价值的 NFT。2022 年，美国司法部和国税局指控个人在 110 万美元的“卷地毯计划”中进行 NFT 欺诈和洗钱。此外，误导性或虚假的 NFT 广告、服务条款或知识产权和版权协议，例如那些误导版权所有权转让的协议或那些具有欺骗性或波动性的 NFT 估值，应该受到行业规范的监管和指导[①]。

NFT 作为元宇宙和数字社会的重要组成部分，对于促进数字文化的发展、数字身份的构建和数字秩序的建立至关重要。NFT 有潜力通过创建新型数字资产来创造新的收入流，作为公司和数字创作者与客户、追随者和观众联系的新渠道，并允许实体资产货币化。

尽管 NFT 的发行在全球范围内迅速扩张，但其法律和监管地位仍在不断变化。NFT 的监管目前是一个充满前景的方向，可能出现突破性技术。然而，与这些前景相关的风险，包括对知识产权、消费者保护和洗钱的担忧，促使政策制定以制约和引导行业乱象，扶持 NFT 市场合规、有序地成长。

---

① THE INSTITUTE OF LEGAL STUDIES K U, CHOUNG W. A study on the Increase of NFT Use and Related Legislation[J]. Kyung Hee Law Journal, 2022, 57(3): 125-149.

第 9 章 NFT 的未来趋势

NFT 的出现解决了虚拟世界里的物权问题。我们在现实世界购买的房子、车等固定资产，可以通过发票或者产权证明来证明其所有权，但是虚拟世界的产出物就很难被确权。物权问题解决之后，NFT 出现了爆发式增长。利用区块链技术公开透明、不可篡改的特性，NFT 为虚拟世界产出的音乐、卡牌等虚拟物品，构建了一套完整的版权机制[①]。从最初的 CryptoPunks、CryptoKitties 项目到如今天价的 NFT 艺术品，NFT 市场的发展已经成为当下互联网格局中所不可忽视的一部分。

9.1 市场趋势分析

在本节，我们将陈述未来 NFT 市场的发展趋势、国内外市场和政策上的区别，并将预测 NFT 市场内可能的机会与挑战，最后将介绍一种新型的商业模式 DTC（Direct-To-Consumer，直达消费者），以及在 DTC 模式下 NFT 行业怎样才能够更好地运行下去。

---

① NOBANEE H, ELLILI N O D. 不可替代代币 (NFT)：文献计量学和系统综述、当前流、发展和未来研究方向 [J]. International Review of Economics & Finance, 2023, 84: 460-473.

9.1.1 我国 NFT 市场现状

随着 NFT 市场进入快速发展阶段，具有中国特色的 NFT 成了越来越多企业商业化布局的焦点。NFT 在中国的发展路径不同于海外市场的商业模式。中国企业更多是从版权保护角度切入，发挥 NFT 数字权益证明功能，强调无币化 NFT 的探索。

相较于国外 NFT 市场，国内 NFT 市场处于初期发展阶段，2021 年为国内 NFT 市场发展元年。整体而言，国内 NFT 市场发展呈现三大特点。

（1）NFT 应用场景较为单一。国内 NFT 应用场景主要是在艺术品领域，而在游戏、音乐等领域处于探索阶段，国内 NFT 更多被称为数字藏品。

（2）头部互联网企业参与交易平台建设。国内 NFT 交易平台多是由头部互联网企业主导的，具备互联网企业背景的 NFT 交易平台占据了主要的市场份额。

（3）监管环境较为严格。国内监管机构一直对虚拟货币有着严格的监管，与虚拟货币同样采用区块链技术的 NFT 也在监管层面重点关注范围内。2022 年 4 月，中国互联网金融协会、中国证券业协会和中国银行业协会提出《关于防范 NFT 相关金融风险的倡议》，也是未来加强规范 NFT 市场发展的缩影。此外，各大交易平台将合规性作为 NFT 交易的首要目标，严防炒作并禁止二次交易，明确了证券、保险、信贷、贵金属等金融资产不可以作为其权益价值映射的底层资产，要求“去金融化”，遏制 NFT 金融化、证券化的倾向。

由于中国对于虚拟资产的监管态度一直比较严厉，政策比较严谨。在比特币快速爆发后，国家迅速出台了相关政策：2021 年 9 月 3 日，国家发展和改革委员会等 11 部门发布《关于整治虚拟货币“挖矿”活动的通知》，宣布虚拟货币“挖矿”活动将被正式列为淘汰类产业；2021 年 9 月 15 日，中国人民银行等 10 部门发布《关于进一步防范和处置虚拟货币交易炒作风险的通知》，明确了虚拟货币不具有与法定货币等同的法律地位，同时把相关业务定义为非法金融活动；2022 年 3 月，中央纪委国家监委网站发文称，为贯彻落实《关于整治虚拟货币“挖矿”活动的通

知》，各地、各部门持续保持整治虚拟货币“挖矿”高压态势，维持金融市场秩序，推动走好绿色低碳高质量发展之路[①]。虽然现阶段我国对于 NFT 拍卖还没有明确的法律条文约束，但是随着 NFT 与区块链技术的深度结合和 NFT 应用的大规模推广，未来对于 NFT 的铸造、发行、销售、流转都一定会有监管的介入，这预示着 NFT 市场将逐渐走向正规化。图 9.1 展示了截至 2022 年 10 月，NFT 交易平台在国内开展业务所需证照 / 备案及相关主管部门。

NFT平台可能涉及的业务	NFT平台需要的证照/备案	主管部门
NFT艺术品信息发布、付费广告等 **业务可能涉及信息发布平台和递送服务**	增值电信业务经营许可证 **业务类别：B25类信息服务业务，需办理ICP（internet content provider，互联网内容提供者）证**	各省、自治区、直辖市电信管理机构
NFT艺术品检索，为用户提供NFT艺术品信息等 **业务可能涉及信息搜索查询服务**		
NFT艺术品评价，为用户提供商品评价功能等 **业务可能涉及信息社区平台服务**		
数字唱片公司等合作方作为第三方入驻平台参与NFT的交易	增值电信业务经营许可证 **业务类别：B21类信息服务业务，需办理EDI（electronic data interchange，电子数据交换）证**	
平台制作编辑视听作品NFT，且通过互联网形式向公众提供该视听作品及其NFT	信息网络传播视听节目许可证	平台运营主体所在地的省级广播电影电视主管部门
将音乐娱乐、网络表演、网络艺术品等进行复制、发行，以及提供用户浏览、欣赏、使用或下载的在线传播行为	网络文化经营许可证	各省、自治区、直辖市人民政府文化行政部门
基于区块链技术或系统，通过互联网站、应用程序等形式，向社会公众提供信息服务	区块链信息服务备案管理系统备案	中央网络安全和信息化委员会办公室
将绘画作品、艺术摄影作品、工艺美术作品等艺术品的数位文件铸造为NFT，进而销售、鉴定、评估等	艺术品经营业务备案	住所地县级以上人民政府文化行政部门

图 9.1　NFT 交易平台开展业务所需证照 / 备案及相关主管部门

① FRANCESCHET M, COLAVIZZA G, FINUCANE B, et al. Crypto art: A decentralized view[J]. Leonardo, 2021, 54(4): 402-405.

在《上海市数字经济发展“十四五”规划》中提到了支持 NFT 交易平台的建设：“支持龙头企业探索 NFT（非同质化代币）交易平台建设，研究推动 NFT 等资产数字化、数字 IP 全球化流通、数字确权保护等相关业态在上海先行先试。”这意味着 NFT 行业发展脉络会越来越清晰，以龙头企业作为先行探索。相信在行业龙头扶持好后，会将其中优秀企业作为典型，逐渐将低劣的平台和企业淘汰，并通过 NFT 推动数字确权，保护艺术家合法权益。

从目前国家政策导向来看，未来 NFT 的发展方向将主要是发挥 NFT 在推动产业数字化、数字产业化方面的正面作用，坚决遏制 NFT 金融化、证券化倾向，从严防范非法金融活动风险。NFT 作为一项区块链技术的创新应用，在丰富数字经济模式、促进文创产业发展等方面显现出一定的潜在价值，但同时也存在炒作、洗钱、非法金融活动等风险隐患。NFT 市场利用区块链技术的开放性、独立性和安全性，带来了极高的商业优势。NFT 发展至今，其与中国时尚产业、国家风景区等实体商业加强合作，促进了元宇宙下虚拟资产与实体商业之间的结合，对传统的商业模式进行了创新和重构。

9.1.2 国内外市场比较

目前我国头部科技或金融企业基于自身业务，先后布局了区块链平台和 NFT 交易平台。国内 NFT 行业自 2021 年第二季度才开始有互联网平台进场。2021 年第三季度海外 NFT 市场的火爆带动大厂纷纷入局。由于国内外市场环境差异，国内平台选择的方向与海外不同，多以一级交易为核心。我国的 NFT 铸造主要分两种模式——PGC（Professionally-Generated Content，专业生产内容）和 UGC，区别主要是艺术家发行和普通个人用户上传。PGC 主要是专业人士和平台进行合作，发布作品 NFT，平台和专业人士共同进行销售分成。国内有蚂蚁集团的蚂蚁链、腾讯的幻核以及京东的灵稀等。UGC 模式则是由用户自主创造内容，在平台发布，供需双方在平台自由采购，平台赚取服务费。由于 UGC 在国内政策风险较大，所以该模式的头部企业基本都是国外公司。

2021 年 4—5 月是国内 NFT 的起步期，以借鉴模仿为主。4 月，豆瓣音乐版权公司 Vfine Music 和流媒体 NFT 交易平台 CyberStop 达成合作；5 月火花音悦发布 NFT 厂牌 Free Spark，成为国内首家专注音乐 NFT 发行的机构；随后音乐蜜蜂推出 NFT 板块为音乐人提供服务。NFT 的综合交易平台 NFT 中国于 5 月上线，它的定位与 OpenSea 类似。

在发展期，随着海外市场火热和国内用户对 NFT 认知的深入，主要的互联网企业开始推出自己的 NFT 交易平台：阿里巴巴于 2021 年 5 月通过阿里拍卖组织 NFT 拍卖，并于 2021 年 6 月在蚂蚁链粉丝粒发行联名 NFT 产品，最终在 2021 年 12 月正式宣布将蚂蚁链粉丝粒升级为数字藏品平台“鲸探”；网易在 2021 年 6—7 月利用旗下文娱 IP 推出 NFT 纪念币和盲盒，在 2022 年 1 月推出网易星球数字藏品平台；腾讯于 2021 年 8 月上线交易平台“幻核”，随后腾讯音乐宣布在 QQ 音乐上线首批藏品；视觉中国在 2021 年 8 月宣布利用 NFT 技术赋能 500px 社区，并于 2021 年 12 月正式发布交易平台“元视觉”。除此以外，京东、百度、字节跳动等纷纷进军 NFT 领域。这一阶段大厂布局脚步加快，发行内容拓展到基于自有 IP 或版权的各类数字藏品。

国内目前主流的 NFT 发售或交易平台主要包括阿里拍卖、鲸探等。如图 9.2 所示，国内市场、国外市场与全球市场的 NFT 平台对比，差异体现在区块链、交易货币、交易涨跌幅以及所有权问题上。其中需重点说明的是，国内的 NFT 的区块链底层服务还没有公有链支持，主要以联盟链为主，如蚂蚁链、长安链等；国内市场的 NFT 交易货币主要是人民币，而国外市场主要是以几大主流虚拟货币为主。国内几大主流市场现阶段均不支持二次交易，主要是以收藏为主。

国内外市场有以下差异。

- 交易市场的区别。国外的 NFT 可以在二级市场上交易，国内的 NFT 目前只能在一级市场交易，且发行价格较低，具有很大的增值空间，很多数字藏品，在转赠期满后出现大幅增值。
- 国内市场规模小于国外市场规模。从 2021 年 6 月到 2022 年 3 月，国内最大的数字藏品平台鲸探一共发行了 300 多套数字藏品，交易总数为 360 万个，总交易额为 5800 万元。腾讯的幻核交易额约为 1500 万元，视觉中国旗下的元视觉交易额为 800 万元。所有国内 NFT 交易平台总交易额不超过 1 亿元，月均交易额不足 1 千万元。而国外的月交易总额超过 300 亿元。

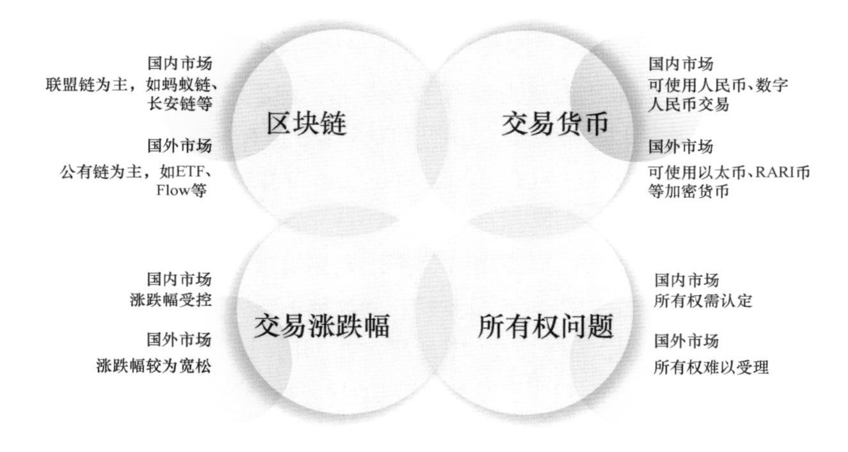

图 9.2 国内市场与国外市场的 NFT 交易平台对比

- 参与者不同。国外的平台以 OpenSea、LooksRare 等获得官方授权的 NFT 大型交易平台为主，国内则以鲸探、幻核、元视觉等具有强大背景的平台为主。在国外人人可参与，国内则以博物馆、文化、旅游、出版、传媒等企事业单位和知名度较高的艺术家及私营企业为主。
- NFT 作品差别较大。国外最受市场欢迎的作品以纯原创为主，国内作品则刚好相反。知名文物、字画、壁画、名胜古迹衍生的图片等，以及小说、动漫、影视等衍生的数字盲盒、潮玩、图片等 NFT 在国内更受欢迎。
- 区块链基础不同。国外的 NFT 主要是建立在以太坊、比特币等公有链之上的，是完全去中心化的，交易也是通过虚拟货币进行结

算。国内则主要是建立在蚂蚁链、至信链、长安链等联盟链上的，并不是完全去中心化的。

国内外 NFT 发展阶段和发展现状各有不同，导致国内外发展路径有所分化，主要包括以下几方面。

- 国内外 NFT 底层技术架构不同。国外 NFT 技术建立在去中心化后的公有链之上，国内主要交易平台则建立在未完全去中心化的联盟链上，二者核心技术的底层逻辑差异会导致发展路径不尽相同。国外 NFT 交易可在平台上多次转让，其二级市场较为活跃，暗藏被过度炒作的风险①；而国内基于联盟链的技术特质使得 NFT 的交易半径受到限制，无法使 NFT 产品在二级市场自由交易，一定程度上能降低其监管难度。国外公有链是向公众开放的，可以参与活动、读取数据和发送交易等，其核心特点是不受管理、不受控制。国内联盟链只对特定成员开放，且有较高的准入门槛以及安全性要求。
- 国内外 NFT 产品发行、定价方式有所不同。NFT 产品的定价不同也会影响其后续交易模式和发展路径，国外 NFT 是把数字藏品等代币化，进入资本化定价方式的炒作。在交易平台发布初始定价之后，后续价格紧随市场供需关系波动而变化。这将会导致 NFT 成交价格与初始定价差距较大，有着巨大的投机套利空间②。国内平台多采用统一定价机制发行数字藏品，交易价格波动空间有限。国内数字藏品利用区块链技术，锚定作品生成链上唯一的所有权或使用权的数字凭证，不可篡改、不可拆分、限量发行，目的是实现作品真实可信的数字化发行、收藏、使用和流转，传递的是数字文化要素的价值。
- 面临的监管环境不同。国内对 NFT 发展保持谨慎防范的态度，而国外监管环境则相对宽松，所以国外 NFT 发展路径和品类更具多元化，应用场景生态活跃。但国内 NFT 产品在版权、保护和弘

---

① CHALMERS D, FISCH C, MATTHEWS R, et al. Beyond the bubble: Will NFTs and digital proof of ownership empower creative industry entrepreneurs?[J]. Journal of Business Venturing Insights, 2022, 17: e00309.

② REGNER F, URBACH N, SCHWEIZER A. NFTs in practice - non-fungible tokens as core component of a blockchain-based event ticketing application [C]. Munich: AIS, 2019.

扬传统文化方面有着积极作用。例如，对于发行藏品内容，国外NFT 不必经过版权审核，国内规范的数字藏品必须经过相关审核才可上链发布。

国内外 NFT 差异的主要原因是，NFT 具有较强的金融产品化模式，国外的 NFT 交易平台出现 NFT 金融化趋势。NFT 作为新生事物，其自身唯一性、可追溯性等特征契合文娱产业的需求，NFT 的价值本应源自具有某种价值的有形标的物，但 NFT 金融化趋势采用虚拟经济资本化定价方式，NFT 价值背离数字藏品等商品实际价值，成为与比特币等虚拟货币一样没有基础支撑的共识价值。例如，在平台内交易过程类似于公司的 IPO，NFT 发行时铸造者会预先设定智能合约限制发行数量、发行价格与转售版税，购买者在特定时间抢购，而 NFT 价格波动与人们心理预期等有关。ERC-998 协议使 NFT 可分割，符合金融的众筹属性，基于NFT 初始所有权拆分，以众筹方式售卖 NFT 部分所有权，容易引发非法集资，影响金融市场稳定性。

在目前 Web 3.0 的探索期，国内 NFT 行业呈现三大发展特点。

1. 公有链对比联盟链

国外多用公有链，公有链区块所记录的信息任何人都可以参与和查看。公有链是去中心化的，由参与者共同维护，访问门槛低。国内使用联盟链，联盟链通常由企业和政府搭建，少量节点是被预选的，不能完全去中心化，因此参与者的上链作品要受到审核。但是联盟链交易速度快，也有很好的隐私保障。

当前中国 NFT 交易平台采用的链有星火 · 链网、人民链、BSN 链、长安链、至信链、蚂蚁链、超级链等，这些链安全性较高。但由于平台很多，联盟链也很多，目前跨链交易还没有打通[①]。因此，国内的投资/投机者在提前布局时需要行事谨慎，选择未来有前景的联盟链；而国外主要的公有链被大多数平台所兼容，即同一条公有链多个平台，一个平台多条公

① FLICK D C. A critical professional ethical analysis of Non-Fungible Tokens (NFTs)[J]. Journal of Responsible Technology, 2022, 12: 100-154.

有链。例如无论是 OpenSea 还是 X2Y2，都兼容以太坊，那么参与者发行或转卖的 NFT 始终存在于链上，而非依托单个的平台。

国内使用联盟链导致的另一个结果是目前只有少数平台（如数藏中国）开放了普通用户上传 NFT 的机制，大多数平台都只有与平台签约的艺术家、画师工作室才能上传 NFT 作品。

2. 虚拟货币对比法定货币

国外平台将虚拟货币和公有链深度绑定，虚拟货币是维系公有链的报酬。

以 OpenSea 为例，一个新用户，需要先注册 MetaMask 或其他钱包账户，初始化钱包需要支付汽油费。在交易所中用法定货币或已有的虚拟货币兑换所需要的虚拟货币，然后将自己的 NFT 挂在网站上售卖，这一过程需要汽油费。不同链的汽油费价格不同，且会受到市场波动影响。汽油费是交给所在区块链矿工的，更高昂的汽油费意味着更快的速度。然后当交易成功时，OpenSea 会再抽取 2.5% 手续费。

而国内平台通常直接用人民币，使用人民币或数字人民币代替虚拟货币保证了平台的稳定性，遏制了金融风险，也使得普通用户更方便地参与交易。

3. 自由交易对比暂不开放

国内平台是否开放二级交易市场、是否允许转卖始终是参与者最关心的问题。从国家新闻出版署发布的《数字藏品应用参考》和上海市人民政府发布的《上海市数字经济发展“十四五”规划》来看，目前国家对于开放转卖 NFT 是暂缓的政策，大多数平台都选择不开放，但有些平台设置 180 天或者某个天数持有之后可以转赠。不开放是为了遏制炒作风险，防止金融化，但并非长久之计。在新合约技术保障下，可以在遏制炒作的同时保证交易进行，这是公众的期望。从全球范围看，NFT 金融化正在释放 NFT 低流动性的潜力。新的去中心化流动协议同时满足了 DeFi 用户和 NFT 收藏者的需求。而国内 NFT 虽然需要去金融化，但也同样需要流动性，这是符合未来 Web 3.0 和元宇宙发展方向的。

9.1.3 市场机会与挑战

区块链技术使数字艺术品具有与实体艺术品相同的质量成为可能。每一个数字艺术品都是独一无二的。除了管理数字艺术品，NFT 还可以通过数字化文档加强对现实世界资产所有权的管理，已经有一些初创公司正在构建解决方案在区块链上创建土地所有权 NFT，甚至连联合国开发计划署都尝试在区块链上建立土地登记处。在未来，购买 NFT 可以转化为购买与其相关的实际有形资产。

尽管 NFT 解决了多个行业中许多关键的问题，但这并不意味着它是完美无缺的。下面介绍 NFT 技术可能面临的一些挑战。

1. 法律问题

NFT 的土地所有权在区块链之外也可以强制执行。那么这些交易能否得到现有法律体系的认可呢？目前相关的法律法规严重缺乏，让这个问题变得难以回答。NFT 的共享和转让，特别是数字艺术的版权的共享和转移可能会充满矛盾。怎样才能协调这样的矛盾呢？

2. 环境污染

NFT 面临的巨大挑战之一是铸造 NFT 对环境的影响。NFT 的运行离不开区块链，而运行区块链会有大量的能源消耗。艺术家梅莫 · 阿克滕（Memo Akten）创建了一个加密艺术碳足迹计算器。根据计算器的结果，NFT 几年的能源消耗量几乎与近 30 年普通欧盟公民的能源消耗量相同。NFT 行业必须认识到整条产业链对环境的影响，并逐步开始减少碳消耗。

3. 欺诈困境

NFT 行业必须克服与欺诈的联系。大多数人并不了解 NFT 具体是如何工作的，但是他们却知道这是一种新的商机，因此这些人很容易成为互联网欺诈的受害者。不仅如此，许多小 NFT 项目也出现了众筹一笔钱就消失的现象。如果无法摆脱欺诈为普通 NFT 用户带来的伤害，NFT 行

业将会很难得到大部分互联网用户的认可。

9.1.4 DTC 模式下的 NFT

DTC 是一种较为新颖的消费模式。DTC 模型是直接面向消费者的模型，它展现了电子商务的未来。商家创建电子交易平台来展示他们的产品，从而达到增加潜在消费者的目的。许多品牌都希望通过 DTC 模式与消费者建立直接关系，其中最突出的原因是想要保持销售增长以及创造更多需求。

DTC 品牌去除了中间商这一环节，通过各种渠道直接触达消费者，与消费者进行大量互动，获取一手的数据，从而能够对消费者的需求迅速做出反应、快速改善产品，赢得消费者的口碑[①]。没有了层层中间商，DTC 品牌也在以更高的性价比俘获着年轻人的心。由于没有了分销商、经销商，品牌 / 厂商开始借助官网、社交媒体等渠道同消费者直接交流，建立社群来维护消费者的关系，拉近了两者之间的距离，产生了更大的消费者黏性。

NFT 和 DTC 结合能够帮助 NFT 行业在未来快速发展。NFT 可以利用 DTC 模式直连用户的特点直接探寻用户的需求，创造用户喜欢的产品，并及时地根据用户的回应进行不断的调整。2022 年 6 月 30 日，新意互动、橙果研享社特别推出了“DTC 模式下的 NFT 营销新解”报告。报告对 NFT 的相关技术特性与能力进行了分析总结，提供了完整的 NFT 项目实施计划，为各企业的 NFT 战略提供了指引与参考。

9.2 NFT 未来展望

当前 NFT 被广泛用于证明数字资产（如图片、艺术作品、活动门票

① 成生辉 . 元宇宙：概念、技术及生态 [M]. 北京 : 机械工业出版社 , 2022.

等）的存在和所有权。随着 NFT 的快速发展，数字资产也在不断地发展完善。NFT 作为规模庞大的数字资产的价值载体，可以预见它将成为未来互联网发展中的重要一环。

9.2.1 NFT 助力元宇宙

NFT 将在元宇宙的发展中发挥巨大作用。在元宇宙世界中，NFT 作为所有权证明，它的出现使数字资产可以在虚拟世界中流通，增强了在元宇宙中建立经济体系的可行性[①]。据估计，新兴的数字生态系统将产生万亿美元的年收入，这意味着 NFT 将成为虚拟世界的重要组成部分。NFT 和元宇宙的发展将导致它们试图模仿现实生活的复杂性。数字生态系统旨在构建虚拟世界，人们甚至可以在构建真正的基础设施之前，通过 VR 和 AR 使用化身来实现基础设施和体验。

1. 开放公平的交易环境

NFT 可以解决元宇宙中数字资产的交易与流通问题，实现价值传递。在元宇宙这样的三维空间中，如果社会和经济活动需要像现实一样运行，就需要交易与价值互换。区块链固有的透明、公开且可追溯的特性使得 NFT 成为构建数字金融体系的强有力的工具[②]。如图 9.3 所示，NFT 正在成为构建元宇宙内部交易系统的关键中介，其中的商品体系和虚拟交易系统一般需要借助 NFT 技术进行建构。同时，NFT 可以作为数字凭证赋予数字资产唯一性。通过 NFT，P2E 的概念得以实现，每个人都可以参与元宇宙的建设，并基于贡献的价值获得奖励。

2. 身份及社交体验的延伸

NFT 可以解决元宇宙中数字资产的确权和身份认证问题。区块链技术使 NFT 具备了唯一性、版权确定性、不可替代性、不可分割性和便于

---

① HWANG Y. When makers meet the metaverse: Effects of creating NFT metaverse exhibition in maker education[J]. Computers & Education, 2023, 194: 104-693.

② WILKOFF S, YILDIZ S. The behavior and determinants of illiquidity in the non-fungible tokens (NFTs) market[J]. Global Finance Journal, 2022: 100-782.

流通等特点，这些特点的应用使得基于区块链技术的 NFT 可以解决虚拟世界中数字内容的归属权问题，能够对元宇宙中的每件物品、商品进行有效身份认证与确权，将唯一身份的属性赋予任意的数据和资产，使其成为元宇宙的必要组件之一[①]。通过所有权的标记使得虚拟世界中的物品在现实世界中拥有一定价值，助力物品的数字资产化，与元宇宙相辅相成，成为元宇宙中连接虚拟世界与现实世界的“桥梁”，是构建元宇宙的有力技术支撑。

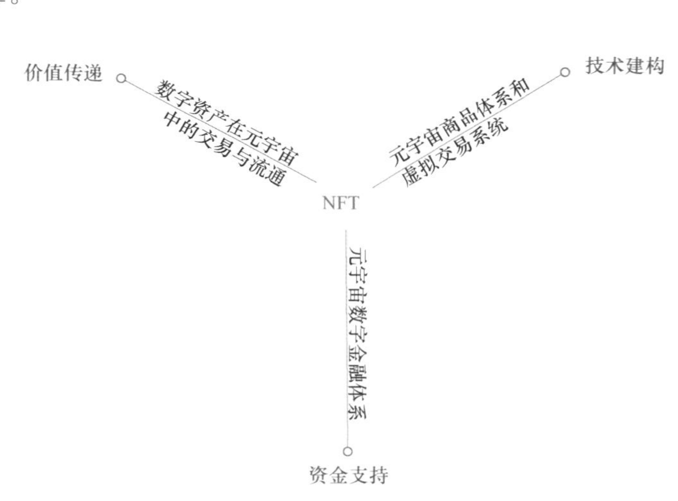

图 9.3 NFT 在元宇宙内部交易系统中起的关键中介作用

9.2.2 NFT 与区块链

NFT 与区块链的发展将带来更多的就业机会和就业透明度。NFT 在不同行业和专业领域中越来越受交易者欢迎。当 NFT 首次出现时，传统投资者对加密货币和 NFT 不屑一顾。然而，随着时间的推移，人们正在改变看法。相信未来我们的生活会变得更加虚拟化，例如远程工作、虚拟会议、在线购物、数字产品等将变得更加普遍。以后不仅可以购买虚拟游

---

① WILKOFF S, YILDIZ S. The behavior and determinants of illiquidity in the non-fungible tokens (NFTs) market[J]. Global Finance Journal, 2022: 100-782.

戏，还可以在虚拟世界里购置房产。大多数东西将变成可以通过加密货币购买的 NFT。视频游戏将拥有巨大的市场，NFT 可以完美地融入虚拟世界，让玩家能够购买独特的游戏资产。

NFT 能够使艺术家在没有任何中间人的情况下提供数字原创作品，并且在数字所有权、数字社区、可交易游戏资产和元宇宙资产所有权方面发挥巨大作用。NFT 将在在线社区、活动、购买视频游戏资产、数字身份和资产方面发挥重要作用。

区块链，尤其是以太坊，是 NFT 的关键推动因素。区块链将是确保当前系统免受任何黑客攻击的关键。因此，各种在线交易将是安全的，不受第三方干扰。这将是将现有系统从集中式（Web 2.0）更改为分散式（Web 3.0）的努力的一部分。通过权力下放，个人将独立工作，而不必依赖中介。

NFT 还将在验证正品和假货方面发挥巨大作用，这也适用于学历证书的验证，没有人能够伪造学历证书，招聘人员可以轻松验证证书的真实性。以同样的方式，各种认证将验证不同的产品。例如，目前许多人抄袭原创设计并出售假冒商品却不受惩罚，但在采用 NFT 验证后，买家更容易知道哪个是正品，并去选择它。

9.2.3 NFT 与实体经济

NFT 通过连接虚拟世界与现实世界，可以赋予虚拟世界中的物品在现实世界中的价值，为实体经济的发展提供新的思路与契机，NFT 与实体经济的融合已成为大势所趋。

1. NFT 赋能多种行业，展现应用价值

目前，我国数字藏品与实体经济的结合主要有新华网所推动构建的国家级数字文创规范治理生态矩阵，以数字藏品的发布为起点，推动数字文创产业与实体经济融合发展。还有将农村资源与数字藏品相结合，推出并销售系列农村数字藏品，所售收入反哺农村建设发展，在保护农村资源的同时助力乡村振兴建设。此外，翼支付等多家支付机构入局数字藏品，

打通虚拟与现实的盈利渠道，吸引年轻客户群体。除上述案例外，还有很多通过数字藏品“以虚促实”的成功经验，如何通过数字藏品打破虚拟世界与现实世界间的经济壁垒，利用数字藏品促进实体经济的发展，推动“数实融合”，已成为众多企业和部门思考及布局的关键。

2. NFT 赋能品牌营销，打造品牌价值

面对元宇宙、数字藏品的火爆，众多企业纷纷试水数字藏品营销，尤其是在互联网行业、汽车行业和服装行业。例如在互联网行业，哔哩哔哩数字藏品在国内哔哩哔哩 App 推出系列数字藏品头像“干杯 2022”，发行在国内联盟链“高能链”上，用户可以根据自己的兴趣个性化选择对应主题的头像藏品，可作为头像使用。此后，有消息称哔哩哔哩海外版 App 推出 NFT 入口，该系列 NFT 与“干杯 2022”为同款形象，也可作头像使用，有外显的头像认证标识。众多企业和品牌“抢滩”数字藏品市场进行营销所采取的方式大致可分为自身发行数字藏品和购买具备较高流量的数字藏品两类。此类做法不仅可以巧借数字藏品的“东风”，获取经济利益，开拓盈利渠道，而且可以赋能用户新品体验和购买的特权，提高品牌与用户的交互性，提升品牌的知名度和美誉度，拓展粉丝圈层，为品牌吸引更多的粉丝，从而打造品牌新圈层，提升品牌价值，推动实体经济的发展。

创作者与消费者展望

在新的 Web 3.0 市场，每个人都是 NFT 市场上积极的参与者。NFT 这项技术未来可能会改变人们的认知甚至是生活方式。NFT 是互联网发展到如今的一个必然的产物，其具有个性化、多元化的特点，成为一种类似于艺术品一样的存在，也成为被人们认可的数字资产方式。随着数

字世界的蓬勃发展，我们可以看见更多的物品都是以数字原生形式呈现在大家面前，我们也正在一步一步接受数字资产带给我们的变化。

9.3.1 NFT 与创作者

NFT 席卷全球，开启了虚拟世界中收藏品的新时代。虽然 NFT 技术是在 2014 年引入的，但 2021 年确实可以被认为是 NFT 元年。创作者能够通过网络允许收藏者轻松购买存储在称为区块链的数字平台中的这些“NFT”。

2021 年，NFT 的市场规模赶超传统艺术市场。NFT 使得艺术商品买卖变得容易，年轻人、自由职业者和艺术家将从中受益。NFT 将赋予艺术家更多的独立性，让艺术家无须等待漫长的交易流程就可以直接创作物品并进行出售。从艺术类院校毕业的学生，也不必被动等待就业机会，而是可以凭借自身能力，创作数字商品或从事自由职业，这将降低世界不同地区的失业率。

通过 NFT，艺术家将对他们创作的作品拥有更多控制权，而无须依赖企业力量或中介机构。这些艺术家可以轻松地与客户建立联系，并将他们的作品直接出售。NFT 将提供对独特物品的访问或所有权。这些数字资产可以在解决保险业的问题、减少各种形式的欺诈方面发挥巨大作用。NFT 还将允许创作者和艺术家自主拥有他们的内容和数据。

由于其易于交换和销售，NFT 为用户和数字创作者提供了拥有他们的艺术品和知识产权的机会[①]。过去，艺术家的作品可以在不为艺术家本身产生单一收入来源的情况下出售。以雕塑家和画家杰夫 · 昆斯（Jeff Koons）为例，他制作的雕塑最终以超过 9100 万美元的价格售出，然而他从该交易中获得了 0 美元，因为之前的所有者将雕塑出售给了其他人，并且不必向实际创作者支付任何版税。然而，使用 NFT，结果将完全不同。如果我们想使用加密术语，艺术家可以设置一个百分比或版税，

① BELK R, HUMAYUN M, BROUARD M. Money, possessions, and ownership in the Metaverse: NFTs, cryptocurrencies, Web 3 and Wild Markets Journal of Business Research, 2022, 153: 198-205.

并且对于每次转售，他都会获得利润的一部分。

此外，如图 9.4 所示，NFT 数字资产也将在元宇宙中发挥作用，促进个人健康数据货币化、数字身份、虚拟土地、物品认证、AI、NFT、虚拟世界、智能合约、安全交易平台、活动与门票、艺术品销售、品牌认证，以及数字商务等各领域的发展。

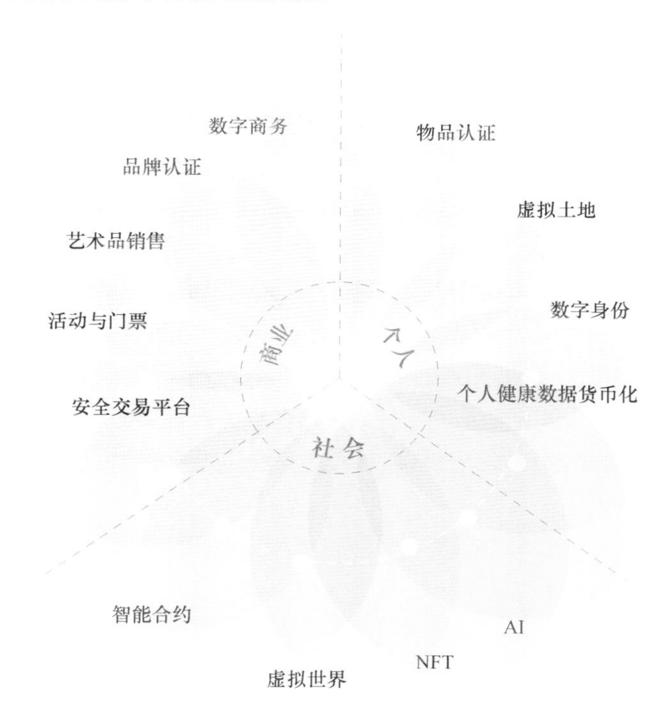

图 9.4　NFT 数字资产在元宇宙中的作用

9.3.2　NFT 与消费者

任何数字化的东西都可以成为 NFT。当谈到 NFT 作为增长和品牌建设的杠杆时，数字纪念品可以作为营销策略的一部分做出其他渠道、平台或内容格式无法做出的重要贡献。NFT 是一个全新的独特接触点，品牌可以利用它来继续建立消费者关系，它们通过所有权获得忠诚度和牢固的联系[①]。

所有权是品牌与消费者联系的新标准。NFT 创造了一种归属感和与品牌的亲近感，让消费者有机会拥有品牌的数字“部分”。这种亲和力和收集纪念品的文化并不是一种新趋势，不同之处在于所有权是以数字形式传递的，而不是以实体形式传递的。

拥有独家产品的想法建立在久经考验的稀缺策略之上，因此消费者拥有一件限量版 NFT 收藏品并成为“俱乐部”的一部分，通过该品牌的社区与志同道合的用户分享，让他们彼此更接近，也更接近品牌。在过去，人们会收集稀有的杂志或复古运动鞋，NFT 可以在数字空间中做同样的事情，但以更具交互性的方式，这样你就可以无限地与 NFT 互动，例如可口可乐收藏品或 Matrix 角色。NFT 会不断吸引用户并加强他们与品牌之间的联系，从而培养忠诚度并建立在线社区。

没有社区，就没有 NFT。当创作者将他们的艺术作品作为 NFT 铸造时，重要的是他们要知道他们有消费者。建立了忠实的消费者社区后，NFT 创作者可以利用他们的社区来展示他们一直在努力的项目，并通过 Discord、Twitter、Reddit 等各种社区平台获得更多曝光机会。

9.4 对监管的展望

NFT 是区块链技术一项创新应用，对丰富数字经济模式、促进文化创意等产业发展具有潜在价值。但随着各类交易平台的出现，以艺术作品、游戏、数字版权等为载体的 NFT 引发了购买热潮，并出现炒作、洗钱、非法金融活动等风险隐患。NFT 作为新生事物，面临着政策风险、

① QIAO X, ZHU H, TANG Y, et al. Time-frequency extreme risk spillover network of cryptocurrency coins, DeFi tokens and NFTs[J]. Finance Research Letters, 2023, 51: 103-489.

技术风险和市场风险等。所以，在 NFT 市场快速发展的同时，我们要警惕和防范其可能带来的金融风险，引导其走上良性、稳健的发展轨道。

9.4.1　NFT 未来监管方向

2021 年以来，NFT 市场呈现爆发式增长。NFT 的基础设施、形式等在朝着多样化方向发展，受众也越来越广泛。但 NFT 作为新兴事物，面临着许多风险和不确定性，未来加强 NFT 监管是大势所趋。

1. 赋能实体经济和防范金融风险

我们应辩证地看待 NFT，采取管禁结合的方式，引导 NFT 项目为我国发展做出有益贡献。一方面，NFT 赋能实体经济，发挥 NFT 在推动产业数字化、数字产业化方面的正面作用。确保 NFT 产品价值有充分支撑，引导消费者理性消费，防止价格虚高背离基本价值。保护底层商品的知识产权，支持正版数字文创作品。真实、准确、完整披露 NFT 产品信息，保障消费者的知情权、选择权、公平交易权。同时，NFT 是有现实标的物的，NFT 模式可为各类艺术品快速变现提供有效渠道，提升各大品牌的知名度和销量，NFT 对于弘扬传统文化、建设文化强国具有积极的意义。另一方面，NFT 的快速发展使其成为投资“蓝海”，大量资金涌入形成了价格泡沫，容易引发金融风险。所以，既要肯定 NFT 作用和价值，又要遏制 NFT 金融化、证券化倾向。

2. 构建完善的 NFT 监管体系

完善的宏观的 NFT 监管体系应在以下几个方面发力。

- 尽快构建完善的政策法规，健全 NFT 制度保障。应及早出台 NFT 等数字资产监管规范，着力点放在 NFT 属性厘定、交易操作流程、技术稳定性等方面。
- 界定出 NFT 资产类别后，要建立标准化的 NFT 市场准入规则。尽快制定 NFT 行业发展规范，要严格把关参与者的准入和建立动态的退出机制，谨防借助 NFT 活动的监管盲点从事恶意炒作、洗钱、非法融资等活动。

- 要建立专门的监管部门和机构。将 NFT 纳入金融监管框架，在 NFT 产品铸造、发行、流通等环节实施细化监管要求，建立分层监管结构并重点关注交易行为的合规性。

3. 强化 NFT 交易平台管理，提高行业自律意识

交易平台的规范和管理是 NFT 良性循环发展的重要组成部分，也是需要重点防范的风险点。一方面，要健全 NFT 交易平台的设立、运营和退出机制，加强交易平台及其控股企业的资质、注册地等审核，严防交易资金脱离监管范围；另一方面，要完善交易平台区块链技术规范，不断提高平台交易网络的安全性，以便从技术上更好支撑 NFT 的顺畅流通。此外，还要规范交易平台信息披露，建立起监管机构与交易平台的风险预警共享机制，在资金交易过程中及时向监管机构反馈异常交易等风险预警信息，避免 NFT 风险向其他金融市场蔓延。

4. 加强国际协同监管合作

目前国外对 NFT 监管日益加强。欧美反洗钱机构指出：NFT 不可互换，只用作收藏品，不作为支付手段或投资工具，明确 NFT 若被用于“投资目的”将会受到严格监管，并要求“NFT 发行人必须是法人”，要向当局注册并遵守法律规定以保护消费者。俄罗斯将 NFT 纳入立法的法案，《俄罗斯联邦民法典》中表明“那些拥有非同质化代币的人的权利需要得到保护”。NFT 市场较为活跃的韩国于 2022 年 2 月宣布加强对包括 NFT 在内的新交易资产监控，加强对 NFT 和元宇宙等新兴市场企业 IPO 核查，并对数字资产市场对消费者造成损害的因素制定对策。日本政策文件显示，日本将开始监管 NFT 代币以及初始交易所发行（Initial Exchange Offering，IEO）领域，为 NFT 建立监管框架等事项已经在其议程上。美国也发布了针对加密货币行业的定制指南，强调制裁非合规的要求。所以，在经济全球化趋势下，我国 NFT 监管体系需要建立与国外 NFT 监管部门的联动机制，厘清 NFT 交易的管辖范围，共同维护

NFT 市场稳定。此外，健全与各国监管部门的 NFT 交易信息共享机制，共同打击假借 NFT 交易从事的非法金融活动。

5. 依据中国现实设立 NFT 应用场景边界

随着国内外 NFT 市场蓬勃发展，市场中出现“万物皆可 NFT”的倾向，NFT 应用场景边界确定和规范的迫切性日益凸显。NFT 应用场景搭建应在法律和监管的约束下，合理向现实世界中的各类资产延伸，不能任其无序延伸，合规创新的 NFT 产品，要界定 NFT 场景的禁区和绿灯区，引导 NFT 市场成为促进文化产业变革、丰富数字经济形态的重要推动力。中国拥有全球最大的区块链基础设施，构建一个立场中立、成本低廉、融合多方技术、永久存放且可监管的 NFT 基础设施。一方面可以规避 NFT 与虚拟货币牵扯太深的风险，另一方面将 NFT 更名 DDC（Distributed Digital Certificate，分布式数字凭证），在 DDC 网络平台使用人民币进行相关服务，利于人民币国际化。

9.4.2　NFT 未来规范化建设

在 NFT 应用方面，以 OpenSea 为首的海外市场，藏品、品牌 IP、游戏等应用已经落地，可以通过代币等虚拟货币进行交易；国内市场以数字藏品的发行、交易为主。目前，我国尚未出台效力等级较高的规范性法律文件，但这并不代表 NFT 行业可以为所欲为，《中华人民共和国民法典》《中华人民共和国著作权法》甚至《中华人民共和国刑法》都可以制约 NFT 行业的侵犯权益的行为。NFT 行业需要合规化，规避可能面临的法律风险。

1. 区块链信息服务相关法规

NFT 作为依托于区块链技术发展的新兴产业，发行方需将 NFT 完成上链以赋予 NFT 作品独特性并便于后续交易。根据《区块链信息服务管理规定》，向社会公众提供区块链信息服务的主体是区块链信息服务提供者，其应当通过国家互联网信息办公室区块链信息服务备案管理系统履行备案手续；区块链信息服务提供者开发上线新产品、新应用、新功能的，应当按照有关规定报国家和省、自治区、直辖市互联网信息办公室进行安全评估。NFT 交易平台如依托于自主开发的区块链进行交易，可能被认为区块链信息服务提供者，进而需要按照上述规定完成备案及安全评估。

2．互联网信息服务相关法规

NFT 交易平台在业务经营过程中，可能会涉及经营互联网信息服务以及为交易双方提供交易平台，根据《中华人民共和国电信条例》《互联网信息服务管理办法》等相关规定，可能需要申请取得《增值电信业务经营许可证》。

NFT 交易平台在向用户提供服务的过程中也可能会应用算法推荐技术向用户提供互联网信息服务，根据《互联网信息服务算法推荐管理规定》，算法推荐服务提供者应当落实算法安全主体责任，建立健全算法机制机理审核、科技伦理审查、用户注册、信息发布审核、数据安全和个人信息保护、反电信网络诈骗、安全评估监测、安全事件应急处置等管理制度和技术措施，制定并公开算法推荐服务相关规则，配备与算法推荐服务规模相适应的专业人员和技术支撑。同时，如果 NFT 交易平台被认定为“具有舆论属性或者社会动员能力的算法推荐服务提供者”，还需要通过互联网信息服务算法备案并履行备案手续。

3．个人信息保护相关法规

NFT 交易平台在处理交易的过程中会收集用户个人信息，“幻核”“鲸探”等交易平台还要求用户在购买 NFT 产品前完成实名认证。根据《中华人民共和国个人信息保护法》等相关法律法规，NFT 交易平台处理个人信息应当遵循合法、正当、必要和诚信原则；收集个人信息应当限于实现处理目的的最小范围，不得过度收集个人信息；同时应当以显著方式、清晰易懂的语言，真实、准确、完整地向用户履行告知义务。此外，NFT 交易平台涉及处理敏感个人信息的，还应就处理敏感个人信息取得用户的单独同意。

4. 网络安全保护相关法规

NFT 交易平台作为网络运营者，需满足国家对于网络安全保护相关监管要求。根据《中华人民共和国网络安全法》，我国实行网络安全等级保护制度，网络运营者应当按照网络安全等级保护制度的要求履行下列安全保护义务，保障网络免受干扰、破坏或者未经授权的访问，防止网络数据泄露或者被窃取、篡改。

- 制定内部安全管理制度和操作规程，确定网络安全负责人，落实网络安全保护责任；
- 采取防范计算机病毒和网络攻击、网络侵入等危害网络安全行为的技术措施；
- 采取监测、记录网络运行状态、网络安全事件的技术措施并留存相关的网络日志不少于 6 个月；
- 采取数据分类、重要数据备份和加密等措施；
- 法律、行政法规规定的其他义务。

同时，根据《网络安全等级保护定级备案流程》，新建第二级以上信息系统的，应当在投入运行后 30 日内，由其运营、使用单位到当地公安机关网安部门办理备案手续。

5. 网络出版服务经营相关法规

根据《网络出版服务管理规定》，网络出版服务是指通过信息网络向公众提供网络出版物，包括提供与已出版的图书、报纸、期刊、音像制品、电子出版物等内容相一致的数字化作品。NFT 交易平台发售 NFT 作品可能被认定为属于通过信息网络从事网络出版服务，根据相关法律规定，需要经过出版行政主管部门批准取得《网络出版服务许可证》。

6. 消费者权益保护相关法规

NFT 交易平台如果面向普通消费者，那么作为消费者的交易平台，在进行交易的过程中需注意对消费者合法权益的保护。《关于防范 NFT 相关金融风险的倡议》中明确要求，相关主体应真实、准确、完整披露

NFT 产品信息，保障消费者的知情权、选择权及公平交易权。《中华人民共和国消费者权益保护法》中亦有规定，消费者通过网络交易平台购买商品或者接受服务，其合法权益受到损害的，可以向销售者或者服务者要求赔偿；网络交易平台提供者不能提供销售者或者服务者的真实名称、地址和有效联系方式的，消费者也可以向网络交易平台提供者要求赔偿。

7. 金融领域相关法规

《关于防范 NFT 相关金融风险的倡议》中明确了要坚决遏制 NFT 金融化证券化倾向，从严防范非法金融活动风险，不变相发行交易金融产品。虽然国内的 NFT 交易平台目前大部分都会将 NFT 定义为“数字藏品”，以避免其被认定为虚拟货币。但考虑到 NFT 与虚拟货币在底层技术上有一定同质性，这类“数字藏品”可能被主管机关认定为带有一定金融属性。因此 NFT 交易平台在进行相关交易时，可以考虑从发行数量、功能场景等角度避免使 NFT 具有虚拟货币的相关属性。

目前，我国对于 NFT 行业的规则制定和管理尚不明朗，未来一段时间可能会有新的法律法规随着该行业的发展不断出台和完善。从技术角度来看，NFT 作为区块链技术的具体应用，其发展确实对于尊重和鼓励数字作品创新、保护知识产权等具有重要意义，同时也为艺术藏品爱好者们提供了一个很好的交流和交易平台。但考虑到区块链技术的特点，加之其与艺术品、商品、金融产品和加密货币等多种产物均有相关特性和紧密关联，在该领域的监管法律法规的订立无疑是非常复杂的。